中国城市
温室气体排放
2015 年

蔡博峰　张建军　董会娟　姚　波 / 著

中国环境出版集团·北京

图书在版编目（CIP）数据

中国城市温室气体排放. 2015年 / 蔡博峰等著. --
北京 : 中国环境出版集团, 2019.6
　ISBN 978-7-5111-3979-5

　Ⅰ. ①中… Ⅱ. ①蔡… Ⅲ. ①城市－温室效应－
有害气体－大气扩散－统计数据－中国－2015 Ⅳ.
①X511

　中国版本图书馆CIP数据核字(2019)第088436号

　审图号：GS(2018)6186 号

出 版 人　武德凯
责任编辑　丁莞歆
责任校对　任　丽
装帧设计　宋　瑞

出版发行　**中国环境出版集团**
　　　　　（100062　北京市东城区广渠门内大街16号）
　　　　　网　　址：http://www.cesp.com.cn
　　　　　电子邮箱：bjgl@cesp.com.cn
　　　　　联系电话：010-67112765（编辑管理部）
　　　　　　　　　　010-67175507（环境科学分社）
　　　　　发行热线：010-67125803，010-67113405（传真）
　　　　　印装质量热线：010-67113404
印　　刷　北京建宏印刷有限公司
经　　销　各地新华书店
版　　次　2019年6月第1版
印　　次　2019年6月第1次印刷
开　　本　787×960　1/16
印　　张　14
字　　数　170千字
定　　价　68.00元

作 者 Lead Authors

姓 名	单 位
蔡博峰	生态环境部环境规划院
张建军	中国地质大学（北京）
董会娟	上海交通大学
姚 波	中国气象局气象探测中心

贡献作者 Contributing Authors

姓　名	单　位
刘砚哲	化学工业出版社
徐一剑	中国城市规划设计研究院
崔　璨	武汉大学
何凌昊	U.S.Green Building Council
伍鹏程	生态环境部环境规划院
孟凡鑫	东莞理工学院
孙　露	日本国立环境研究所
王　柯	中国地质大学（北京）
曹丽斌	生态环境部环境规划院
高新宇	《中国国家地理》杂志
刘合林	华中科技大学
温建丽	上海交通大学
刘晓曼	中国科学院大气物理研究所
程　艺	中国建筑设计研究院
王　彤	中国地质大学（北京）
梁　森	中国地质大学（北京）
李　珏	深圳市应对气候变化研究中心
窦艳伟	中国家用电器协会
刘丽莎	中国气象局气象探测中心
李　芬	深圳市建筑科学研究院股份有限公司
张继宏	武汉大学
李德民	澳门中华新青年协会城市发展关注委员会
王彬墀	中原大学（台湾）
张　弼	中共宁夏回族自治区区委党校（行政学院）
庞凌云	生态环境部环境规划院
顾阿伦	清华大学
郭　杰	南京农业大学
代春艳	重庆工商大学
陈前利	新疆农业大学

前　言

　　本书是《中国城市温室气体数据集（2015）》的解读版，所有与温室气体排放相关的基础数据都来自该数据集。本书的目的是以科学、形象、生动的图形和鲜活的文字来表达中国城市 2015 年的温室气体排放特征，使读者能以最短的时间和最良好的阅读体验快捷地掌握中国城市 2015 年的温室气体排放全貌。

　　本书的写作风格和该系列丛书的上一版——《中国城市二氧化碳排放（2005 年）》略有不同，极大地缩减了作者数量，将提供大量素材、想法和写作建议的中国城市温室气体工作组成员列入贡献作者，从而最大限度地统一写作风格，保证全书内容和逻辑的完整性、连贯性。更重要的是，使作者能集中精力讲好中国城市低碳发展的故事。

　　本书进一步放开写作语言风格，点评、调侃、戏谑随处可见，这种写作手法可能会降低表达的精准性，但却使原本与百姓生活息息相关的城市低碳发展讨论从繁复的数字和理论回归到朴实、率真的表达。与上一版（2005 年）相比，本书加大了图片和照片（书中照片全部由中国城市温室气体工作组成员拍摄）的占比，进一步缩小了文字篇幅，因而在作者之间这本书又被简称为"图说"。本书在构思和撰写的过程中，多次得到了刘砚哲的大力支持，并由其对文字进行修改。有了他的贡献，本书的语言才显得更加活泼和生动。

本书是中国城市温室气体工作组的成果之一，对我们这种合作和创作形式感兴趣的朋友可以加入中国城市温室气体工作组（http://140.143.189.230:8080/，实名注册）。在这里，同样一群对城市温室气体感兴趣的朋友正在自由协作，并不断创造奇迹。对本书有建议、意见或者希望进一步讨论的读者，可以登录中国城市温室气体工作论坛（http://nbb.cityghg.com/），在"中国城市温室气体排放（图说）"专题板块与作者和其他读者一起讨论。

蔡博峰

生态环境部环境规划院

2018 年 11 月

FOREWORD

This handbook is an interpretation of the Chinese Cities Greenhouse Gas Emission Dataset (2015), which provides all types of GHG emissions data. This handbook illustrates the characteristics of GHG emissions from Chinese cities with scientific figures, articulated explanation and vivid infographics, which shed light on the totality of 2015 Chinese cities GHG emissions situations in a reader friendly style.

This handbook is quite different from the 2005 version due to its limited author numbers—those who contributed their informative materials and advice to guarantee the consistency among articles were listed as contriluting authors. Therefore, our lead authors can spare more time to highlight Chinese cities low-carbon development stories.

The entire handbook is also filled with amusing comments, technological jokes and banters. Although such ingredients might weaken the expression accuracy to a tiny extent, they did turn tricky technological statistics and theories to comprehendible analysis in terms of Chinese cities low-carbon development. Furthermore, we increased the proportion of graphs and shortened the text length with the aim of making reading more enjoyable. During the composing and editing phase, we received strong support from Mr. Yanzhe Liu who polished this book with his expertise.

This handbook is one of the achievements of the Chinese Cities Greenhouse Gas Working Group. Welcome to join us (register at: http://140.143.189.230:8080/, or http://nbb.cityghg.com/) if you have any interests in greenhouse gas research field.

Bofeng Cai
The Center for Climate Change and Environmental Policy
Chinese Academy of Environmental Planning
November 2018

目　录

背景篇 ——

0　研究背景 Background/1

    0.1　城市温室气体排放研究的意义 Research Significance/3

    0.2　城市温室气体排放研究的目的 Purpose of this Book/4

    0.3　温室气体的种类 Types of Greenhouse Gases /5

    0.4　城市范围 City Coverage/6

    0.5　各章节的城市和温室气体范围
       Cities and Greenhouse Gases Coverage in Each Chapter/7

    0.6　城市分类 City Classification/7

温室气体篇 ————————————————————————————————————

1　总温室气体排放 Total GHG Emissions/9

    1.1　温室气体排放格局 Spatial Pattern of GHG Emissions/11

    1.2　人均温室气体排放 GHG Emissions per Capita/13

    1.3　温室气体排放直方图 Histogram of GHG Emissions/16

    1.4　温室气体排放结构 Emission Structure of Greenhouse Gases/17

    1.5　不同类型城市温室气体排放比较
       GHG Emissions Comparison among Different Types of Cities/19

2　中国城市与国际城市温室气体排放对比
    GHG Emissions Comparison between Chinese Cities and International Cities/20

    2.1　温室气体排放总量 Total GHG Emissions/22

    2.2　人均温室气体排放 GHG Emissions per Capita/24

2.3　单位 GDP 温室气体排放 GHG Emissions per Unit of GDP/26

2.4　温室气体排放结构比较 Comparison of GHG Emissions by Sectors/29

2.5　国内外典型城市温室气体排放比较 Comparison of Selected Cities/32

　　2.5.1　上海与芝加哥 Shanghai vs Chicago/32

　　2.5.2　成都与伦敦 Chengdu vs London/34

　　2.5.3　中、日、韩三国 12 个典型城市比较
　　　　　 Comparison of Twelve Selected Cities from China, Japan and South Korea/36

二氧化碳篇

3　二氧化碳排放总量 Total CO$_2$ Emissions/41

3.1　二氧化碳排放空间格局 Spatial Pattern of CO$_2$ Emissions/43

3.2　二氧化碳累积直接排放 Accumulative Direct CO$_2$ Emissions/45

3.3　不同类型城市二氧化碳排放
　　　CO$_2$ Emissions Characteristics of Different Types of Cities/46

　　3.3.1　产业结构 By Industry Structure/46

　　3.3.2　人口规模 By Population/47

　　3.3.3　不同分类比较 Comparison among Different Types of Cities/48

4　二氧化碳排放强度 CO$_2$ Emission Intensity/49

4.1　人均二氧化碳排放 CO$_2$ Emissions per Capita/51

4.2　单位 GDP 二氧化碳排放 CO$_2$ Emission per Unit of GDP/53

4.3　单位面积二氧化碳排放 CO$_2$ Emission per Unit Area/55

4.4　不同类型城市二氧化碳排放强度对比
　　　CO$_2$ Emissions Intensity Comparison among Different Types of Chinese Cities/57

5　部门二氧化碳排放 Sectoral CO$_2$ Emissions/58

5.1　部门二氧化碳排放结构 CO$_2$ Emissions by Sectors/60

5.2　部门间排放的相关性 Correlation between Sectoral CO$_2$ Emissions/61

5.3　中国省会城市部门二氧化碳排放聚类分析
　　　Cluster Analysis for Provincial Capital Cities/63

5.4　森林碳汇 Forest Carbon Sequestration/65

5.5　沿海水运二氧化碳排放 Coastal Waterborne Navigation CO$_2$ Emissions/67

6 中国二氧化碳排放前 10 位城市
Top 10 Chinese Cities by Total Amount of CO_2 Emissions/69

6.1 总体特征 General Characteristics/71
6.2 不同城市特征 The Characteristics of Different Cities/72

6.2.1 上海 Shanghai/72
6.2.2 唐山 Tangshan/74
6.2.3 重庆 Chongqing/76
6.2.4 天津 Tianjin/78
6.2.5 榆林 Yulin/80
6.2.6 滨州 Binzhou/82
6.2.7 临汾 Linfen/84
6.2.8 苏州 Suzhou/86
6.2.9 北京 Beijing/88
6.2.10 宁波 Ningbo/90

7 中国各省（区、市）二氧化碳排放 CO_2 Emissions of Cities in Provinces/92

7.1 直辖市 Municipalities Directly under the Central Government/94
7.2 河北 Hebei/96
7.3 山西 Shanxi/98
7.4 内蒙古 Inner Mongolia/100
7.5 辽宁 Liaoning/102
7.6 吉林 Jilin/104
7.7 黑龙江 Heilongjiang/106
7.8 江苏 Jiangsu/108
7.9 浙江 Zhejiang/110
7.10 安徽 Anhui/112
7.11 福建 Fujian/114
7.12 江西 Jiangxi/116
7.13 山东 Shandong/118
7.14 河南 Henan/120
7.15 湖北 Hubei/122

7.16 湖南 Hunan/124

7.17 广东 Guangdong/126

7.18 广西 Guangxi/128

7.19 四川 Sichuan/130

7.20 贵州 Guizhou/132

7.21 云南 Yunnan/134

7.22 陕西 Shaanxi/136

7.23 甘肃 Gansu/138

7.24 宁夏 Ningxia/140

7.25 海南、新疆、青海、西藏 Hainan, Xinjiang, Qinghai, Tibet/142

7.26 中国香港、澳门和台湾 Hong Kong, Macau and Taiwan/144

8 典型区域城市二氧化碳排放 CO₂ Emissions of Cities in Selected Regions/147

8.1 "一带一路"地区 The "One Belt and One Road" Region/149

8.2 中国城市群 China's Urban Agglomerations/151

9 中国低碳城市发展评估
Low Carbon Development Assessment of Chinese Cities /153

9.1 城市低碳排名 Ranking of Low-Carbon Cities/155

9.1.1 相对排名 Relative Ranking /156

9.1.2 绝对排名 Absolute Ranking /158

9.2 城市排放形态评估 Morphological Pattern of Emissions/162

非二氧化碳篇 ——————————————————————

10 甲烷 Methane/165

10.1 甲烷排放空间格局 Spatial Pattern of Methane Emissions/167

10.2 甲烷排放结构 Emissions by Sources/169

10.3 煤矿开采 Coal Mining/171

10.4 水稻种植 Rice Cultivation/172

10.5 畜禽管理（肠道发酵＋粪便管理）
　　　Animal Husbandry (Enteric Fermentation + Manure Management)/173

10.6 废弃物处理（垃圾填埋＋污水处理）
　　　Waste Disposal (Landfills + Wastewater treatment)/174

10.7 秸秆燃烧 Burning of Agricultural Residues/176

11 氧化亚氮 Nitrous Oxide/177

11.1 氧化亚氮排放空间格局 Spatial Pattern of Nitrous Oxide Emissions/179

11.2 氧化亚氮排放结构 Emissions by Sources/181

11.3 工业 Industry/183

11.4 动物粪便管理 Manure Management/184

11.5 农用地 Agricultural Lands/185

12 含氟温室气体 Fluorinated Greenhouse Gases/186

12.1 含氟温室气体概述 Overview of Fluorinated Greenhouse Gases/188

12.2 含氟温室气体排放空间格局
　　　Spatial Pattern of Fluorinated Greenhouse Gases Emissions/192

12.3 含氟温室气体排放结构 Emissions by Sources/194

12.4 氟化工 HFC-23 排放 HFC-23 Emissions/196

12.5 房间空调 HFC-410A 排放 Room Air Conditioning HFC-410A Emissions/198

12.6 汽车空调 HFC-134a 排放 Automobile Air-Conditioning HFC-134a Emissions/200

12.7 电力行业 SF_6 排放 Power Sector SF_6 Emissions/202

12.8 电解铝 PFCs 排放 Aluminum PFCs Emissions/203

后记篇 ———————————————————————

结论及建议 Conclusions and Suggestions/205

背景篇

Background

研究背景
Background

北京奥林匹克公园　梁森

深圳龙华有轨电车　李芬

承德木兰围场湿地　张建军

四川海螺沟冰川　姚波

0.1 城市温室气体排放研究的意义 Research Significance

为什么选择城市？城市在国家应对气候变化行动以及低碳战略转型中具有非常重要的意义，不仅因为其消耗了绝大多数能源（67% ～ 76%）且在对绝大多数人为温室气体排放（71% ～ 76%）负责，更重要的是，城市是工业、商业、交通等聚集地，多个部门高度集中于此，相互之间发生高强度的能量和物质交流，为综合、高效降低温室气体排放提供了巨大潜力和示范机会。城市，尤其是地级市，是中国行政管理、数据统计和决策执行等相对较为完整和健全的行政单元，城市内部各类自然、人文等要素均质性较好。城市管理者更贴近城市居民，与其沟通和交流的能力要强于国家和省级行政区，并且直接服务于公众的日常生活和工作，政策的灵活性和针对性更强。因而，在城市层面开展温室气体排放统计分析、特征研究和绩效评估，有利于基层政府自下而上实施切实可行的减排措施，并在温室气体排放管理和减排中形成"领跑者"竞争氛围，激励城市之间相互借鉴和学习。

中国城市温室气体排放研究的意义是什么？由于受基础数据和研究资源的限制，中国不同城市温室气体排放核算和低碳城市的研究能力差异较大。特大城市、一线城市等往往备受关注，其基础数据和研究相对较为充分，而对二线、三线城市和县级市等的研究非常缺乏，其温室气体排放和低碳发展长期被忽视。很多城市缺乏对自身温室气体排放特征和低碳发展的全面认识，很难清晰地认识自身在中国城市能源、环境坐标体系中的位置，从而难以定位自身的发展目标，其低碳发展目标的设定往往比照国家、省级行政区或者国际城市，因此出现了目标脱离现实且缺乏发展标杆的情况。采用统一的数据源和数据处理方法，建立中国所有城市完整的温室气体排放数据，最大限度地提高城市排放数据的精准性和可比性，进而分析和评估城市排放特征，将会丰富和完善中国城市温室气体排放的基础研究。更为重要的是，可为中国城市科学、理性的低碳规划和低碳发展提供坚实、全面的数据基础和参考。

0.2 城市温室气体排放研究的目的 Purpose of this Book

本书致力于描绘、分析与评估中国城市温室气体排放特征和空间格局，对城市温室气体排放绩效进行排名，积极推动城市温室气体排放的"领跑者"竞争环境以及公众和舆论对城市温室气体排放绩效的监督。

（1）清晰、准确、直观地刻画中国 2015 年城市温室气体排放整体特点和个性化差异；

（2）方便决策者、公众和城市温室气体研究人员快速、全面地掌握中国城市温室气体排放全貌和特征；

（3）分析和挖掘中国城市温室气体排放的内在规律和格局，探索城市温室气体排放的驱动力和影响因素；

（4）在全球城市的坐标体系下，对标分析中国城市低碳发展的阶段和特征；

（5）协助中国每个城市更加全面和系统地了解自身温室气体排放底数及在中国城市温室气体排放格局中的坐标和定位，从而支撑其科学合理的低碳城市规划和碳排放达峰方案的制定；

（6）推动公众和舆论对城市温室气体排放管理的参与和监督。

0.3 温室气体的种类 Types of Greenhouse Gases

本书中的数据来自《中国城市温室气体排放数据集（2015）》，温室气体种类和相关信息见表 0-1。

表 0-1 温室气体的种类
Table 0-1 Greenhouse gases in this book

温室气体	化学符号	GWP（100年）	本书包括的排放部门及占比	
			部门	在全国排放中的占比 /%
二氧化碳	CO_2	1	工业能源、工业过程、农业、服务业、交通、农村生活、城镇生活、间接排放、森林碳汇	100
甲烷	CH_4	28	水稻种植、煤矿开采、动物肠道、动物粪便管理、秸秆燃烧、固体废物处理、污水处理	93
氧化亚氮	N_2O	265	己二酸生产、硝酸生产、粪便管理、农用地	84
含氟温室气体	HFC-23	12 400	HCFC-22 生产	95
	HFC-134a	1 300	汽车空调	
	HFC-410A（HFC-32 和 HFC-125 混合体）	1 924	建筑空调	
	CF_4	6 630	电解铝	
	C_2F_6	11 100	电解铝	
	SF_6	23 500	电力传输和输配设备	

注：GWP 为全球增温潜势（100 年），来自 IPCC 第五次评估报告；"在全国排放中的占比"数据来自《中华人民共和国气候变化第一次两年更新报告（2016 年）》中的 2012 年中国温室气体清单。

Note: GWP (for the 100-year) = Global Warming Potential (for the 100-year), from The IPCC Fifth Assessment Report; Proportion data of sector emission to national emissions are from the 2012 China greenhouse gas inventory data in The People's Republic of China First Biennial Update Report on Climate Change (2016).

0.4 城市范围 City Coverage

根据《中国统计年鉴2016》，2015年中国大陆共涵盖291个地级市。本书所涉及地级市290个（不含三沙市）、直辖市4个、特别行政区2个（香港、澳门）及中国台湾地区的城市9个，共计305个中国城市（图0-1）。

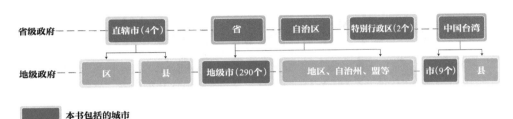

图 0-1 城市范围
Figure 0-1 City coverage

本书中指的城市是中国地级行政单位，与西方国家的城市在地理边界上有较大差别。中国城市和西方城市最根本的区别就在于建制市的管辖范围。西方城市的核心和主要部分是城市建成区，其强调的是城市自治，而不是行政区划等级。中国实行的市制是以城市建成区为中心，包括了周围的广大农村，还可能包括一些相对较小城市的一种建制和行政区划等级。从行政区划的角度来说，中国城市包含了大量的农村、林地、水域、沼泽等生态系统类型，而西方城市都是城市型建制，与省（州）、县建制是不同的两种区划建制类型，所以西方的county（县或郡）在地域上可能会包含多个城市，而城市则一般不辖有农村地区。

0.5 各章节的城市和温室气体范围
Cities and Greenhouse Gases Coverage in Each Chapter

本书涉及的排序（如无特殊说明）都是指数值从大到小的排序；二氧化碳排放总量及人均排放量等（如无特殊说明）均包括直接排放和间接排放（表 0-2）。

表 0-2 各章节的城市和温室气体范围
Table 0-2 Cities and Greenhouse Gases Coverage in Each Chapter

章	城市范围	温室气体范围
1	305 个中国城市	所有温室气体，包括森林碳汇
2	76 个典型城市，中国（34 个）、国际（42 个）	所有温室气体，包括森林碳汇
3 ~ 5	294 个中国大陆城市（含直辖市）	二氧化碳（直接+间接）
6	二氧化碳排放总量排名全国前 10 位城市	二氧化碳（直接+间接），网格仅表示直接排放
7	305 个中国城市	二氧化碳（直接+间接）
8	典型区域城市	二氧化碳（直接+间接）
9		二氧化碳（直接+间接）
10	294 个中国大陆城市（含直辖市）	甲烷直接排放
11		氧化亚氮直接排放
12		含氟温室气体直接排放

0.6 城市分类 City Classification

从产业结构和人口规模两个角度对中国城市进行分类（表 0-3）。产业结构对中国城市化石能源消费和二氧化碳排放有非常显著的影响，不同产业结构的城市，其温室气体排放往往差异较大。人口规模体现了城市的人口体量，不同人口体量的城市，其温室气体排放特征和单位 GDP 温室气体排放往往有显著差异。

表 0-3 城市分类
Table 0-3 City classification

分类角度	名称/特点	分类依据
产业结构	工业型	第二产业占城市地区生产总值比例≥50%
	服务业型	第三产业占城市地区生产总值比例≥50%
	其他类型	其他情况
人口规模	特大城市	常住人口>500 万人
	大城市	250 万人≤常住人口≤500 万人
	中小城市	常住人口<250 万人

温室气体篇

Greenhouse Gases

总温室气体排放
Total GHG Emissions
1

加拿大渥太华城市风貌　张建军

中国台湾新北市　王彬墀

深圳新能源电动车　李芬

青海瓦里关全球大气本底站　姚波

1.1 温室气体排放格局 Spatial Pattern of GHG Emissions

中国城市温室气体排放总量与中国地势呈现相反的分布，总体呈现东高西低的特点。排放总量较高的城市主要分布在东部地区（河北、山东和江苏）以及中部地区（山西），排放总量较低的城市主要分布在西南地区（云南和西藏）和东北地区（黑龙江）。2015 年，温室气体排放总量全国排名前 10 位的城市依次是上海、重庆、唐山、天津、榆林、临汾、滨州、苏州、北京和太原，排放总量全国排名后 10 位的城市依次是林芝、伊春、普洱、黑河、昌都、澳门、临沧、黄山、梧州和嘉义（图 1-1）。

图 1-1 2015 年中国城市温室气体排放空间格局

Figure 1-1   GHG emissions of Chinese cities in 2015

注：蓝灰色文字框标注排放总量最低的 10 个城市（数字代表排序从小到大），橘红色文字框标注排放总量最高的 10 个城市（数字代表排序从大到小）。

Note: The blue-gray text boxes list the 10 cities with the lowest emissions (ranked from small to large) and the orange text boxes list the 10 cities with the highest emissions (ranked from large to small).

中国温室气体排放总量前 10 位的城市中，包含四大直辖市。这 4 个城市均为承载千万级人口的特大城市，GDP 总量均处于全国前 10 位，其人口和经济体量大，故而排放总量也较大。唐山、榆林、临汾等城市由于其产业结构和能源结构严重依赖于煤炭和重工业，导致温室气体排放总量较大。排放前 10 位的城市都是由于其二氧化碳排放体量大导致总温室气体排放量大。

中国温室气体排放总量后 10 位的城市中，出现负排放的城市有 4 个，依次为林芝、伊春、普洱、黑河，这些城市人口稀少、化石能源消费量少，同时森林碳汇量大，导致总排放量低于零，呈现负排放；澳门和台湾地区的嘉义由于体量较小（面积都没有超过 70 km^2，承载的各项人类活动都相对较少），因而温室气体排放总量小；黄山市比较特殊，虽然其经济条件较好，但主导产业为第三产业，且全市森林覆盖率高达 80% 以上，森林碳汇量较大，因此温室气体排放总量较低。

1.2 人均温室气体排放 GHG Emissions per Capita

中国城市人均温室气体排放量的空间分布与排放总量的空间分布存在明显差异。人均排放量高的城市主要分布在中国北方地区，尤其是北方的煤炭生产大省，反映出煤炭对于人均排放的显著影响；人均排放量低的城市主要分布在南方地区，尤其是西南地区的云南省和西藏自治区。2015 年，中国人均温室气体排放量前 10 位的城市依次是嘉峪关、克拉玛依、石嘴山、乌海、鄂尔多斯、银川、榆林、阳泉、盘锦和滨州，后 10 位的城市依次是林芝、伊春、普洱、黑河、梧州、临沧、河池、昌都、黄山和周口（图 1-2）。

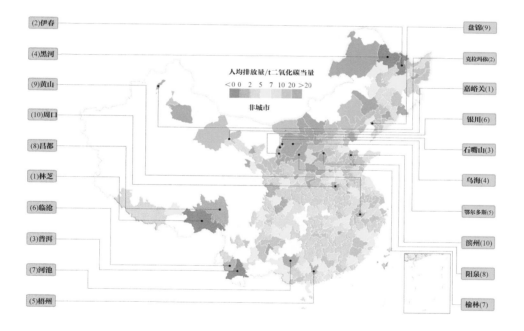

图 1-2　2015 年中国城市人均温室气体排放空间格局

Figure 1-2　GHG emissions per capita of Chinese cities in 2015

注：绿色文字框标注人均温室气体排放量最低的 10 个城市（数字代表排序从小到大），橘红色文字框标注人均温室气体排放量最高的 10 个城市（数字代表排序从大到小）。

Note: The green text boxes list the 10 cities with the lowest per capita emissions (ranked from small to large) and the orange text boxes list the 10 cities with the highest per capita emissions (ranked from large to small).

中国人均温室气体排放量前 10 位的城市都在北方，内蒙古的鄂尔多斯和乌海、宁夏的银川和石嘴山，由于人口数量少、煤炭消费量大导致其人均排放量大；人均排放量排名第一的嘉峪关，其排放总量在全国的排名并不突出（100 名以后），但由于该市人口少（在全国地级市中的排名倒数第二），导致人均排放量极高。中国人均温室气体排放量后 10 位的城市和排放总量后 10 位的城市基本一致，有 4 个城市（林芝、伊春、普洱和黑河）的人均排放为负值，且排名后 10 位的城市中有 7 个属于南方地区。与排放总量的显著差异在于，人均排放量排名靠前的城市不包括四大直辖市，即使天津作为四大直辖市中人均排放量最高的城市，其在全国城市中也仅排第 74 位，相较于其排放总量和 GDP 总量的排名都要低得多。

从与国际典型城市（C40 城市*）的对比来看，中国城市间人均温室气体排放量差异巨大，排放量高值和低值城市间相差两个数量级（上百倍），远远大于 C40 城市间的差距（图 1-3）。这与中国幅员辽阔、区域差异显著（气候、地形、地貌等）且经济发展不均衡有很大关系。C40 城市普遍的经济发展水平较高、发展差距相对较小、产业结构合理，虽然相对于中国城市而言没有人均排放量特别低的城市，但总体上都处于中等偏下的排放水平。只有澳大利亚的墨尔本人均排放量较高，能与中国人均排放量前 5 位的城市相当。但究其原因，却与中国人均排放量高值城市存在较大差异。中国人均排放量高值城市以碳基能源消费为主，且人口稀少；而墨尔本经济发达，既是澳大利亚乃至亚太地区的经济和商业中心城市，也是澳大利亚的工业重镇，工业现代化程度较高，连续多年被联合国人居署评为"全球最适合人类居住的城市"，其人均排放量颇高的主要原因是墨尔本市区人口较少且间接排放量较高。

---

* C40 城市集团是一个致力于应对气候变化的国际城市联合组织，2005 年在原伦敦市市长肯·利文斯顿的提议下成立，成员单位包括国际典型大城市。

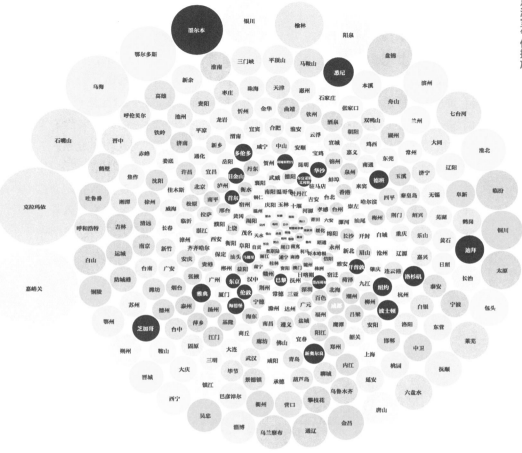

图1-3　中国城市人均温室气体排放特征

Figure 1-3　Characteristics of Chinese cities GHG emissions per capita

注：气泡大小代表着城市人均温室气体排放量的大小；黑色球和白字为国际城市。

Note: Bubble size represents the amount of greenhouse gas emissions per capita; the black ball and white text present international cities.

1.3 温室气体排放直方图 Histogram of GHG Emissions

由图 1-4（a）可以看出，中国城市温室气体排放总量直方图形状比较偏低值，城市排放的平均值为 4 134 万 t（相当于广东省江门市的排放量），中值为 4 211 万 t，与平均值非常接近。由图 1-4（b）可以看出，中国城市温室气体排放总量在 2 000 万～3 000 万 t 的城市最多，超过 1.5 亿 t 排放量的城市非常少。人均排放量直方图相比排放总量直方图更加集中（除去个别高值和低值外），平均值为 12 t（相当于甘肃省白银市的人均排放量），中值为 11 t（相当于江苏省南京市的人均排放量），平均值和中值也比较接近。总体来说，排放总量和人均排放量的直方图都大致呈现正态分布，排放量低值和高值区间分布的城市数量较少，且高值和低值之间差异悬殊，这与中国幅员辽阔，资源、能源、人口分布不均有密切的关系，也表明中国城市发展中的不平衡现象。

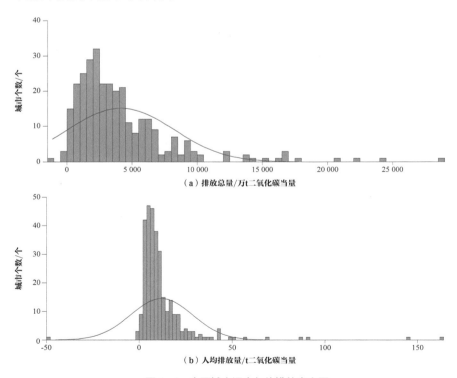

图 1-4 中国城市温室气体排放直方图

Figure 1-4 Histogram of GHG emissions of Chinese cities

1.4   温室气体排放结构 Emissions Structure of Greenhouse Gases

从温室气体种类看，80% 的中国城市二氧化碳排放量占比都超过了 80%，说明二氧化碳是中国城市最主要的温室气体。个别工业型城市，如嘉峪关、七台河、石嘴山等，二氧化碳排放量占比超过了 95%，但也有个别城市的二氧化碳排放量占比低于 50%，如山西的晋城、太原、阳泉，其二氧化碳排放量占比低的主要原因是这 3 个城市是山西省产煤大市，煤炭开采产生的甲烷排放占温室气体排放的比例较高，因此甲烷替代二氧化碳成为这些城市中温室气体排放的主要来源。除二氧化碳以外，甲烷对城市温室气体排放做出的贡献也较为突出，部分城市甲烷排放量占温室气体排放总量的比例超过 50%。以甲烷为温室气体主要排放源的城市主要是以煤炭开采和农牧业为主的城市，这些城市的经济发达程度虽然一般，但煤炭产业（如阳泉、晋城）、农牧业（如河池、临沧）较为突出。氧化亚氮和含氟温室气体虽然对中国温室气体排放总量的贡献较小，但其在城市温室气体排放中的贡献依然不可忽视，个别城市占比显著，如金华的含氟温室气体排放量占比接近 40%（图 1-5、图 1-6）。

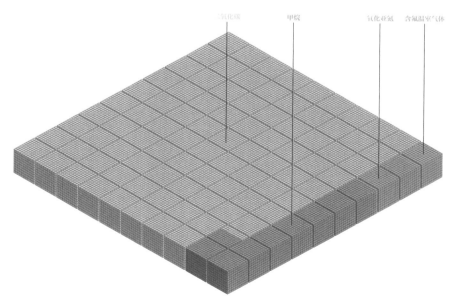

图 1-5   中国城市温室气体平均结构

Figure 1-5   Average proportion of emissions by greenhouse gases of Chinese cities

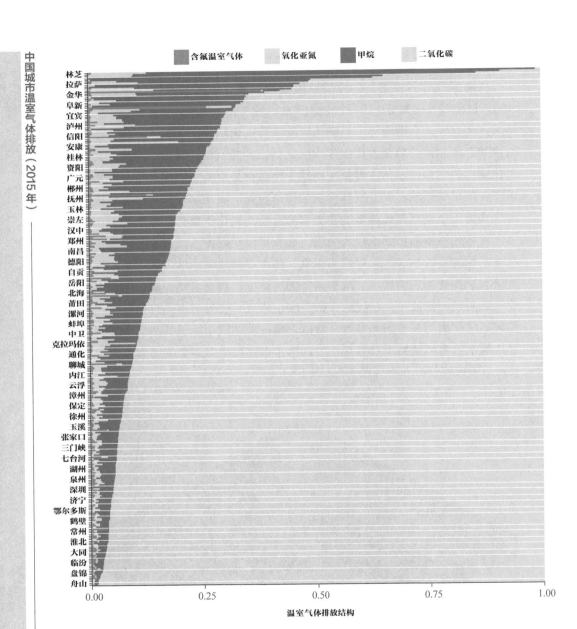

图1-6 中国部分城市温室气体排放结构

Figure 1-6 Proportion of emissions by greenhouse gas for Chinese cities

1.5 不同类型城市温室气体排放比较
GHG Emissions Comparison among Different Types of Cities

　　中国绝大部分城市都在一定经济水平（人均 GDP 5 万元以下）和一定排放水平（人均温室气体排放量 20 t 以下）范围内，其他类型城市的经济水平和排放普遍偏低；工业型城市的经济水平和排放偏高；服务业型城市的经济水平偏高、排放偏低，而且其排放总量整体较高；特大型城市整体表现出低排放和高经济水平的特征。人均排放量特别高（超过 50 t）的城市都是工业型城市，而且是能源型和重工业型城市，主要为中小城市。其中，克拉玛依和鄂尔多斯的人均 GDP 也非常高（超过 20 万元）。这些城市的高排放、高经济水平说明经济活动对温室气体（主要是二氧化碳）排放的直接驱动作用。人均 GDP 高但人均排放量低的典型城市有深圳、苏州等，这类城市是低碳发展的理想城市，如图 1-7 所示。

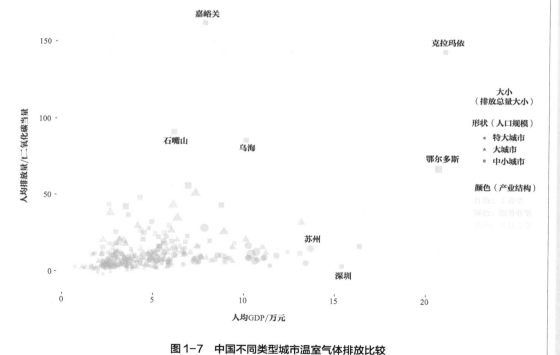

图 1-7　中国不同类型城市温室气体排放比较
Figure1-7　GHG emissions from different types of Chinese cities

2 中国城市与国际城市温室气体排放对比

GHG Emissions Comparison between Chinese Cities and International Cities

奥地利萨尔兹堡城市风貌　张建军　　　　　中国台湾台北市能源之丘　王彬墀

美国曼哈顿城市风貌　张建军

日本北九州生态城临海风力发电机组　董会娟

本章选择了国内外 76 个典型城市，对比分析了其温室气体排放特征。其中，中国城市选择了 28 个省会城市（包括我国台湾的台北市）、2 个特别行政区及 4 个直辖市；国际城市选择了 42 个典型城市，时间绝大多数为 2015 年，少数为 2013 年或 2014 年。

2.1 温室气体排放总量 Total GHG Emissions

图 2-1 展示了中国城市与国际城市的温室气体排放总量比较，从中可以看出，中国城市的温室气体排放总量普遍较高，在 76 个国内外城市中，排放量居前 30 位的只有 5 个国外城市（纽约第 18 位、东京第 20 位、首尔第 26 位、迪拜第 28 位、芝加哥第 29 位）。中国的四大直辖市是总排放量最大的城市，太原排名第 5 位，总排放量也超过 1.5 亿 t。石家庄和银川的总排放量为 1 亿～1.5 亿 t，武汉、成都、南京、郑州和沈阳的总排放量为 0.9 亿～1 亿 t。杭州、广州、济南、哈尔滨、兰州、长春、呼和浩特、合肥、贵阳、乌鲁木齐和西宁的总排放量为 5 000 万～9 000 万 t，纽约和东京也在此范围内。首尔与福州、迪拜、芝加哥、西安、香港均属于总排放量为 4 000 万～5 000 万 t 体量的城市。中国的昆明、南昌、长沙、南宁和台北的总排放量为 1 000 万～4 000 万 t，这个区间也包含了很多国外主要城市，如非洲城市拉各斯、茨瓦、德班、约翰内斯堡、开普敦等，拉丁美洲城市墨西哥城、布宜诺斯艾利斯、利马等，北美洲城市洛杉矶、多伦多、奥斯汀，亚洲城市横滨，大洋洲城市奥克兰，欧洲城市马德里、华沙。在 76 个国内外城市中，有 24 个总排放量低于 1 000 万 t 的城市，其中，中国城市有海口、拉萨和澳门，国外城市有非洲的阿克拉（1 个），亚洲的安曼（1 个），大洋洲的墨尔本、悉尼（2 个），拉丁美洲的基多、萨尔瓦多（2 个），北美洲的华盛顿、波特兰、波士顿、旧金山、新奥尔良、温哥华（6 个），以及欧洲的巴黎、雅典、阿姆斯特丹、巴塞罗那、哥本哈根、斯德哥尔摩、奥斯陆、巴塞尔和海德堡（9 个）。其中，巴塞尔和海德堡是总排放量低于 100 万 t 的城市。

中国城市的土地面积普遍较大，76 个国内外城市中土地面积最大的 29 个城市全部来自中国。国外城市普遍面积较小，且大多已经排放达峰，主要的温室气体来自服务业和生活排放以及交通排放。就世界各洲而言，亚洲城市温室气体排放水平相对较高，其中东京、首尔、迪拜的排放总量超过 4 500 万 t，

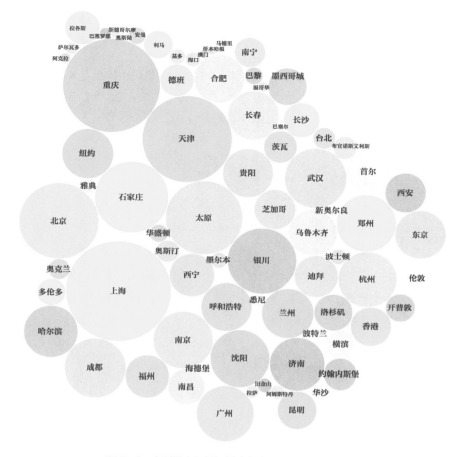

图 2-1　中国城市与国际城市温室气体排放总量比较

Figure 2-1　Comparison of total GHG emissions between Chinese cities and international cities

主要是因为亚洲是目前世界经济增长最迅速的地区，也是世界人口最集中的地区。北美洲城市大多排放水平不高，但是个别城市却非常突出，如芝加哥的排放总量超过 4 300 万 t，纽约的排放总量更是超过 6 700 万 t。欧洲城市的温室气体排放水平整体较低（只有英国伦敦的排放量超过 4 200 万 t），这与其拥有较清洁的能源结构和低排放的行业直接相关。大洋洲城市以澳大利亚的城市为主，其温室气体排放水平都较低。非洲城市的整体排放水平高于大部分拉丁美洲城市、欧洲城市与北美洲城市，但低于亚洲城市。拉丁美洲城市中，墨西哥和布宜诺斯艾利斯的排放量超过 1 000 万 t，但巴西的萨尔瓦多仅有 348.12 万 t。

2.2　人均温室气体排放 GHG Emissions per Capita

在76个国内外典型城市中，12个城市的人口超过1 000万人，其中中国占9个；300万以上人口的城市有44个，其中中国占28个。图2-2展示了中国城市与国际城市的人均温室气体排放比较。

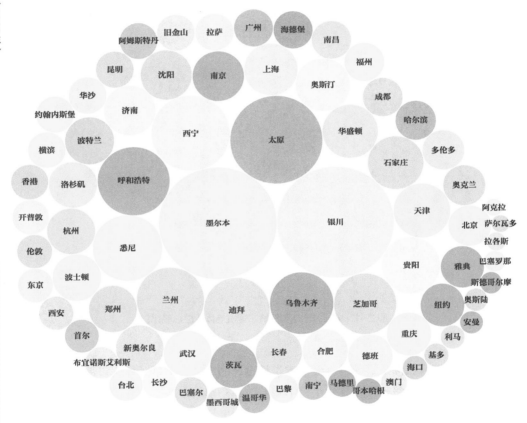

图2-2　中国城市与国际城市人均温室气体排放比较

Figure 2-2　Comparison of GHG emissions per capita between Chinese cities and international cities

　　城市人均温室气体排放的排序中，排名前20位的有13个是中国城市，其人均排放量为10.84 ~ 56.43 t，包括中国中西部的银川、太原、西宁、呼和浩特、兰州、乌鲁木齐、贵阳，大多为工业型城市。紧随其后的是中国东部的城市，如天津、石家庄、上海、南京、沈阳、济南，也多为工业型城市。国外城市中，墨尔本和悉尼的人均排放量最高，分别为 57.25 t 和 19.77 t；迪拜、芝加哥、华盛顿、奥斯汀和波特兰位列其后，人均排放均在 10 t 以上。国外城市的排放特点是交通及服务业和生活排放所占比例较高，如奥斯汀的交通排放量占 36%，华盛顿的服务业排放量占 20%，迪拜的交通排放量占 22%。

人均排放量低于 5 t 的 24 个城市中，中国城市有 6 个，分别是西安（4.87 t）、台北（4.49 t）、长沙（4.43 t）、南宁（3.45 t）、澳门（2.83 t）和海口（2.49 t），其中，西安、长沙和南宁的工业排放量分别占各自总排放量的 44%、32% 和 78%，而澳门、海口的排放中交通排放量占比最高，台北的服务业和生活排放量的占比非常高，达到 74%，这在中国其他城市中比较少见。国外人均排放量低于 5 t 的城市有 18 个，包括阿克拉、萨尔瓦多、拉各斯、巴塞罗那、斯德哥尔摩、奥斯陆、安曼、利马、基多等城市，其中欧洲最多，为 7 个，非洲 2 个，拉丁美洲 5 个，亚洲（不包括中国）3 个（东京、首尔和安曼），北美洲 1 个（温哥华）。国外城市的工业排放量占总排放量的比例普遍较低，交通、服务业和生活排放的比例相对较高。欧洲发达国家已经过了经济快速发展、资源能源高消耗的阶段，欧洲城市的产业结构以第三产业为主，不再有高能耗的工业和低端制造业，能源较清洁，因此实现了人均低排放。非洲城市的人均排放量也较低，均在 6 t 以下。

人均排放量 5.00 ～ 10.00 t 的中等排放城市主要是中国和美国的城市，也有茨瓦、奥克兰、多伦多等其他国家的一些城市。与经济发展程度相似的欧洲城市相比，北美洲城市的人均排放量普遍较高，与该地区居民的资源与能源消耗模式较高有关。很多北美洲城市的发展模式是非集约型的，以低密度低层建筑为主，公共交通网络不发达，出行严重依赖私家车。值得一提的是，美国的几个排放总量很大的城市，如纽约、洛杉矶、芝加哥的人均排放量反而不高，尤其是纽约，其拥有全美最高的排放总量，但人均排放量只有 7.96 t，这要归功于这些城市的温室气体排放管理以及政府制定的长期减排计划和具体的行动措施，也与其高人口密度而使资源被高效利用、建筑能效法规较完善有关。

2.3 单位 GDP 温室气体排放 GHG Emissions per Unit of GDP

城市温室气体排放与城市的经济发展状况具有相关性，因此考虑单位 GDP 温室气体排放能更好地衡量经济发展与温室气体排放强度的关系，也更适于中国城市和国际城市的横向对比。图 2-3 展示了中国城市与国际城市的单位 GDP 排放比较。

76 个国内外城市中，单位 GDP 排放量排名前 30 位的城市中有 25 个为中国城市，其单位 GDP 排放量为 0.85 ～ 8.18 t/ 万元人民币（美元汇率按 6.23

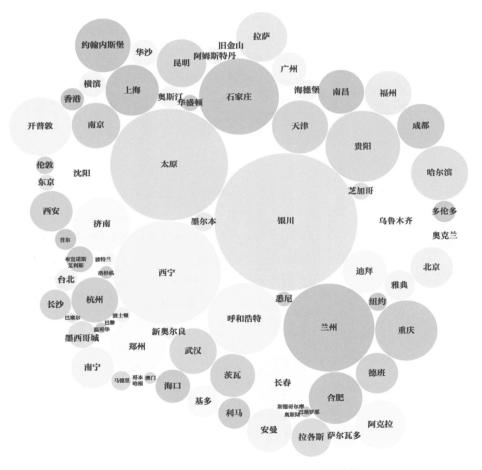

图 2-3 中国城市与国际城市单位 GDP 排放比较

Figure 2-3 Comparison of GHG emissions per unit of GDP between Chinese cities and international cities

计）。这些城市包括银川、太原、西宁（与人均温室气体排放的前 3 位一致）、兰州、石家庄、乌鲁木齐、贵阳、呼和浩特（至此为单位 GDP 排放 2 t/ 万元人民币以上）、重庆、哈尔滨、济南、天津、沈阳、郑州、长春、合肥、上海、拉萨（至此为单位 GDP 排放 1 t/ 万元人民币以上），以及昆明、南京、武汉、成都、福州、杭州和南昌。这些中国城市中，单位 GDP 排放由高到低的城市在分布上基本呈现"发展中的中西部工业城市→较发达的东中部转型城市→较发达的服务业型城市"的趋势。这些中国城市与同为高单位 GDP 排放量的国际城市开普敦、约翰内斯堡、阿克拉、茨瓦和安曼相比，工业排放量占总排放量的比例普遍较高，而这几个国外城市的交通排放量占总排放量的比例高于中国大多数城市。这反映出国内外城市间产业结构的差异巨大，中国大多数城市仍处于依赖工业生产的阶段，产生单位 GDP 所排放的温室气体高于服务业为主导的城市。

单位 GDP 排放量低于 0.1 t/ 万元人民币的城市有 14 个，其中欧洲、北美洲城市各 6 个，大洋洲 1 个（悉尼），中国仅有澳门 1 个城市。这些城市的主要排放来自交通，平均占总排放量的 33%，其次是服务业和生活排放，平均占总排放量的比例为 19%。欧洲和北美洲是世界上经济发展水平最高的地区，多数城市已经过了依赖工业的阶段，能耗低、增加值高的服务业成为支柱产业，实现了经济发展与能耗的脱钩以及单位 GDP 的低排放。

单位 GDP 排放量处于 0.1 ~ 0.7 t/ 万元人民币的 27 个城市中，中国城市有 5 个（海口、广州、长沙、香港和台北），非洲有 1 个（拉各斯），亚洲（不包括中国）有 3 个（横滨、首尔、东京），欧洲有 6 个（阿姆斯特丹、伦敦、马德里、海德堡、华沙、雅典），拉丁美洲有 5 个（萨尔瓦多、布宜诺斯艾利斯、墨西哥城、利马、基多），北美洲有 5 个（多伦多、奥斯汀、纽约、芝加哥、华盛顿），大洋洲有 2 个（奥克兰、墨尔本）。这些城市的单位 GDP 排放量处于中低水平，主要也是由于相对发达的服务业代替工业成为 GDP 的主要贡献者。

与温室气体排放总量和人均排放量相比，单位 GDP 排放的城市排序有相似之处（图 2-4），如中国城市在 3 个层面均是排放最高的，而欧洲城市的表现则均俱佳。北美洲、拉丁美洲、非洲和亚洲其他国家的城市在这 3 个层面的表现有所差异，取决于其能源结构、发展状态和能源消费习惯，可从不同角度为中国城市的低碳化提供借鉴。

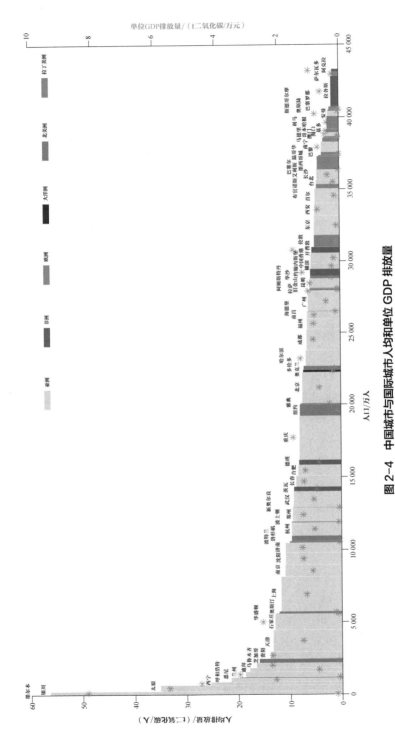

图 2-4 中国城市与国际城市人均和单位 GDP 排放量

Figure 2-4 Comparison of GHG emissions per capita and per unit of GDP between Chinese cities and international cities

注：柱形高度（左 Y 轴）代表人均二氧化碳排放，柱形宽度代表人口；柱形颜色表示不同大洲的城市；红色 "*" 形（右 Y 轴）代表单位 GDP 二氧化碳排放。

Note: Column height (left Y axis) represents per capita emissions, and column width represents population. The deeper the column color, the higher the total emissions. The red "*" form (right Y-axis) represents emissions per unit of GDP.

2.4 温室气体排放结构比较 Comparison of GHG Emissions by Sectors

中国城市大多以工业排放为主，国外城市的工业排放占比则较小，大多以服务业和生活排放或交通排放为主。图 2-5 展示了中国城市与国际城市的温室气体排放结构。

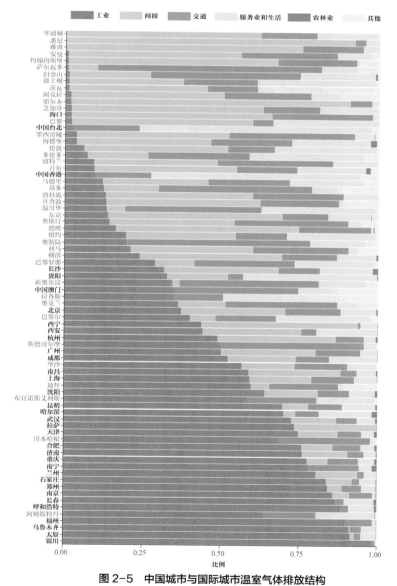

图 2-5 中国城市与国际城市温室气体排放结构

Figure 2-5 Comparison of GHG emissions by sectors between Chinese cities and international cities

　　76个国内外城市中，工业排放量占总排放量的比例（以下简称工业排放占比）超过50%的30个城市中，有24个来自中国，其中银川、太原、乌鲁木齐、福州、呼和浩特、长春、南京、郑州、石家庄、兰州10个城市的工业排放占比超过80%，这些城市大多位于中国中西部或者是东部地区的重要工业基地，均处在工业化阶段。荷兰阿姆斯特丹的工业排放占比为89%，是选定城市中工业排放占比最高的城市。中国的南宁、重庆、济南、合肥、天津、拉萨、武汉、哈尔滨和昆明紧随其后，工业排放占比为70%～80%，这些城市大多位于中国中部地区，处于由工业城市向服务业城市转型的阶段。丹麦哥本哈根的工业排放占比达76%。中国沈阳、上海、南昌、成都和广州的工业排放占比为50%～70%，在中国属于服务业较发达的地区，逐渐降低了经济对工业的依赖。这个排放区间还包括国外的布宜诺斯艾利斯、迪拜、华沙和斯德哥尔摩4个城市。除迪拜外，国外城市的总排放量大多比中国城市低。

　　中国杭州、西安、西宁、北京、澳门、贵阳和长沙的工业排放占比为30%～50%，其服务业、交通或间接排放占比在中国处于较高水平。处在同阶段的4个国外城市包括巴塞尔、奥克兰、拉各斯和新奥尔良，其所属国家也曾以工业发展为主，但大多完成了向服务业城市的转型，或通过清洁能源、低碳生产实现了工业低排放。

　　工业排放占比低于30%的城市有35个，包括3个中国城市——香港（10%）、台北（2%）和海口（2%），均为服务业高度发达的城市。工业排放占比为10%～30%的国外城市包括巴塞罗那、横滨、利马、奥斯陆、纽约、德班、奥斯汀、东京、温哥华、开普敦、洛杉矶、基多、马德里，其中东京和纽约是总排放量较大的城市，但其工业排放占比较低，皆因进入后工业化时代使工业不再是经济支柱，也不再是排放的主要来源。工业排放占比低于10%的城市除2个中国城市（台北、海口）外，还有19个国外城市，这些城市的总排放量相对较低，服务业和生活排放量占总排放量的平均比例为17%，交通排放量占总排放量的比例平均为25%，间接排放占比平均达51%，间接排放、日常交通排放、服务业排放和居民生活排放是主要的排放来源。19个国外城市中，华盛顿、悉尼、雅典、安曼、约翰内斯堡和萨尔瓦多的工业排放占比低于1%，萨尔瓦多的交通排放占比为71%，其他5个城市的间接排放占比均超过50%，悉尼的间接排放占比甚至达到92%。这6个城市都属于后工业化时代、几乎没有工业生产排放的典型城市。

服务业和生活排放占比超过30%的城市有9个，其中有3个中国城市——台北、香港和贵阳，排放量均超过40%，随后是波士顿、温哥华、多伦多、巴黎、伦敦和巴塞尔，均为北美洲或欧洲城市。服务业和生活排放占比处于10%～30%的城市有26个，其中中国城市有西安、哈尔滨、长沙、成都、澳门、北京和昆明，比例为11%～20%；处在同阶段的国外城市包括美国的纽约、旧金山、华盛顿等7个城市，欧洲的阿姆斯特丹、巴塞罗那、海德堡等5个城市，其他7个城市分布在亚洲（东京、首尔、横滨、安曼）、南美洲（布宜诺斯艾利斯、萨尔瓦多）、非洲（拉各斯）。服务业和生活排放占比低于10%的城市有41个，其中中国城市有24个，多是工业排放占比很高的城市；而处在此区间的国外城市多具有较高的交通排放占比，如基多、斯德哥尔摩、墨西哥等，交通排放量占总排放量的比例超过40%。交通排放量占直接总排放量的比例最高的城市是萨尔瓦多（71%），占比40%以上的城市除中国的澳门（40%）外均为国外城市，而占比低于10%的26个城市中仅墨尔本（7%）、巴黎（7%）和悉尼（3%）3个属国外城市，其他23个都是中国城市。国外城市的交通排放占比平均值为27.7%，而中国城市的交通排放占比平均仅有9.6%。

间接排放量占总排放量的比例中，占比超过50%的12个城市中，大洋洲的悉尼、墨尔本分列第一位（92%）、第二位（89%），欧洲城市有雅典、巴黎，非洲城市有约翰内斯堡、德班，北美洲城市有华盛顿、芝加哥，亚洲城市有东京、安曼及中国的海口（64%）和西宁（50%）。这些城市严重依赖于城市外部提供的电力，而自身多以服务业为经济支柱，因此其直接排放低于间接排放。

间接排放占比为20%～50%的城市有24个，其中，间接排放量较高的中国城市有杭州、长沙、北京、西安、广州、南昌、拉萨和成都8个，国外城市有16个，以北美洲、亚洲和非洲城市为主。间接排放占比低于20%的35个城市中，有24个中国城市，其他为北美洲、欧洲等城市。这些城市大都有城市内部的电力工业，对其他城市的电力依赖较小，能实现大部分电力的自给自足，故造成的间接排放比直接排放低很多。总体上看，多数国外城市的间接排放占比高于中国城市，且越发达的城市间接排放占比越高，其主要是通过将电力需求转移出该城市，由周边城市提供，因而排放也由周边城市承担。

2.5 国内外典型城市温室气体排放比较 Comparison of Selected Cities

2.5.1 上海与芝加哥 Shanghai vs Chicago

　　上海是中国人口最多的城市之一，同时也是中国的商业与金融中心；芝加哥的人口虽不及上海，却是美国人口排名第三的城市，也是美国中部的经济中心。两个城市的人均温室气体排放量非常接近，但是能源结构差异很大。芝加哥在 2008 年已经实现城市排放达峰，而上海预计到 2025 年实现达峰。此外，上海仍然有超过 50% 的工业能源排放。因此，芝加哥的低碳发展路径对上海未来的节能低碳工作有很大的借鉴意义。图 2-6 和表 2-1 分别对比了上海与芝加哥的市域范围和温室气体排放特征。

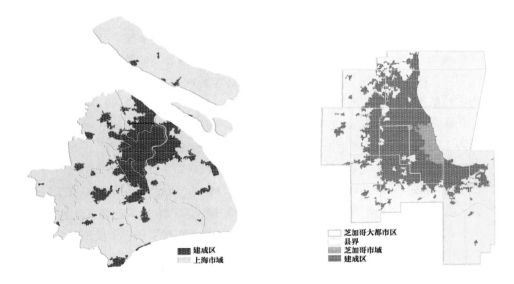

图 2-6　上海与芝加哥的市域范围比较

Figure 2-6　City boundaries comparison between Shanghai and Chicago

表 2-1　上海与芝加哥温室气体排放特征比较

Table 2-1　Comparison of GHG emission characteristics between Shanghai and Chicago

指标	上海	芝加哥
地理位置	中国东部	美国中部
人口 / 万人	2 415.27（中国排名第二）	272.05（美国排名第三）
面积 /km²	6 341	589.56
GDP/ 万亿元人民币	2.51	3.5
温室气体排放量 / 万 t 二氧化碳当量	28 500.92	4 367.89
人均排放量 /t	11.80	16.06
地均排放量 / （万 t/km²）	4.49	7.41
单位 GDP 排放量 / （t/ 万元人民币）	1.13	0.12
碳生产率 / （万元人民币 /t）	0.88	8.00
工业排放占比 /%	59 （主要是工业能源排放）	0.02
交通排放占比 /%	0.14	18 （主要是道路和航空排放）
服务业和生活排放占比 /%	0.07	0.18
间接排放占比 /%	0.2	0.61
能源结构	化石能源的比重大	清洁能源的比重较大
应对气候变化表现	国家低碳试点城市，在全市开展了首批市级低碳发展实践区和低碳社区试点建设	美国低碳发展领先城市，2017 年 Emanuel 市长召集北美洲 50 多个城市的市长在北美气候峰会上共同签署了《芝加哥公约》
减排目标	预计 2025 年实现城市排放达峰，2035 年比 2025 年下降 5%	2008 年实现城市温室气体排放达峰，2020 年减排目标是比 1990 年减少 25%
减排措施	优化能源结构、降低产业和建筑能耗、发展绿色交通	重视高能效建筑、可再生能源、清洁交通、废弃物减排
特征	城市规模大，人均、地均排放低，工业能源排放占比大	城市规模小，碳生产率高，服务业和生活排放、交通排放比重大，城市外调电力排放多
共同点	人口众多，经济、交通中心，本国应对气候变化、低碳发展的领先城市，人均排放量接近；二者 1985 年结为姊妹城市	

2.5.2　成都与伦敦 Chengdu vs London

　　伦敦是英国的首都，也是重要的经济、文化、政治中心，人口超过 800 万人；成都是中国四川省的省会，人口超过 1 400 万人，是中国西部的特大中心城市、重要的经济与文化中心。成都是中国城市中能源结构比较低碳的城市，清洁能源比例高达 58%，伦敦的清洁能源比例也在 50% 以上，二者的人均温室气体排放量非常接近。两个城市的发展阶段不同，伦敦已经实现了排放达峰，正努力实现 2050 年"零碳"城市的目标，而成都正在努力实现 2025 年达峰。图 2-7 和表 2-2 分别对比了成都与伦敦的市域范围和温室气体排放特征。

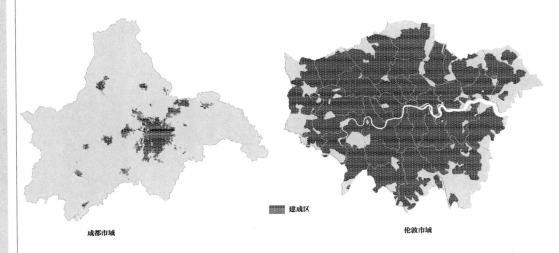

成都市域　　　　　　　▓ 建成区　　　　　　　伦敦市域

图 2-7　成都与伦敦的市域范围比较

Figure 2-7　City boundaries comparison between Chengdu and London

表 2-2　成都与伦敦温室气体排放特征比较

Table 2-2　Comparison of GHG emission characteristics between Chengdu and London

指标	成都	伦敦
地理位置	中国西部	英国中部
人口 / 万人	1 465.75（中国排名第五）	841.56（英国排名第一）
面积 /km²	12 121	1 595
GDP/ 万亿元人民币	1	3
温室气体排放量 / 万 t 二氧化碳当量	9 046	4 231
人均排放量 /t	6.56	5.03
地均排放量 / （万 t/km²）	0.79	2.65
单位 GDP 排放量 / （t/ 万元人民币）	0.89	0.14
碳生产率 / （万元人民币 /t）	1.12	7.08
工业排放占比 /%	52 （主要是工业能源排放）	6
交通排放占比 /%	11	15（主要是道路排放）
服务业和生活排放占比 /%	15	32
间接排放占总比 /%	22	46
能源结构	清洁能源比重大于 50%	
减排目标	预计 2025 年实现温室气体排放达峰，致力于城市的低碳、绿色与可持续发展	2000 年左右温室气体排放达峰，2050 年的目标是"零碳"城市
减排措施	降低高碳能源比重，优化能源结构，构建绿色、低碳制度 / 产业 / 城市 / 能源 / 消费 / 碳汇体系	依赖全国的能源结构去碳化调整、优化电网供电结构，重视降低住宅建筑能耗、交通减排
特征	城市规模大，人均、地均排放量低，工业能源排放占比大，水、电等清洁能源丰富	城市人口密度高，碳生产率高，交通排放比重大，大量间接排放来自城市外调电力；94% 的能源供应来自城市之外
共同点	人口众多，经济、文化中心，清洁能源占比超过 50%，宜居城市	

2.5.3　中、日、韩三国 12 个典型城市比较
Comparison of Twelve Selected Cities from China, Japan and South Korea

　　本节选取中、日、韩三国经济发展较好、人口规模较大的 12 个城市进行比较分析。从排放总量来看，中国城市的排放总量均高于日本和韩国城市，占据前 4 位（图 2-8）。12 个城市中排放量最低的 3 个城市分别为大邱、大阪和京都。京都的年排放总量仅为上海的 0.49%，说明中、日、韩三国典型特大城市在排放总量方面具有较大差异。

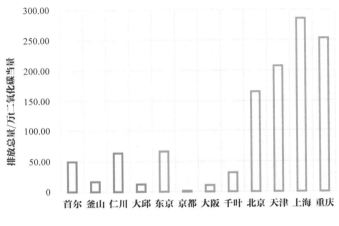

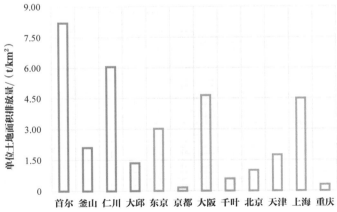

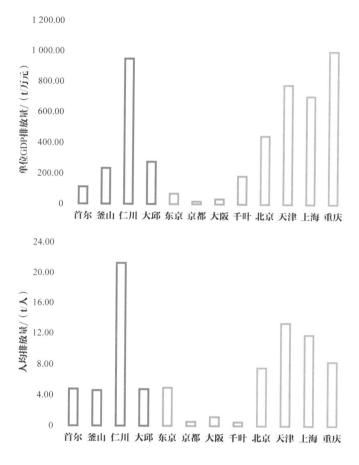

图 2-8　中、日、韩三国 12 个典型城市温室气体排放量对比

Figure 2-8　Comparison between 12 selected cities in China, Japan and Korea

　　从城市经济发展的角度来看，2015 年东京的 GDP 总量是 12 个城市中最高的，而东京的单位 GDP 排放量却位列第 10 位，说明东京的经济发展与温室气体排放基本实现脱钩（图 2-8）。相反，仁川的 GDP 总量位列第 11 位，仅为东京的 6.98%，而单位 GDP 排放量位列第 2 位，为东京的 13.79 倍。由此可知，仁川在发展过程中由温室气体排放产生的经济效益低。与仁川经济发展水平相当的釜山，单位 GDP 排放量仅为其 1/4。此外，上海和首尔均为本国和亚洲主要的金融中心，城市经济发展主要集中在第二、第三产业。2015 年上海与首尔的 GDP 总量相似，但是上海的单位 GDP 排放量却为首尔的 6.33 倍，说明上海的城市能源利用效率仍然较低。

从单位面积排放来看，虽然重庆的排放总量最大，但是单位面积排放量较小，仅为首尔的 3.74%。重庆人口密度低，第一产业比重较高（7.3%），因此其排放强度远低于其他城市。中国、日本和韩国均为人口密度较大的国家，从人均排放角度来看，仁川、天津和上海最高，人均二氧化碳排放量超过 10 t；京都和千叶的人均排放最低，小于 0.6 t。

日本在建设低碳城市方面已经取得了一定的成果，尤其是京都，在排放总量、单位 GDP 排放量和单位面积排放量方面均是 12 个城市中最低的。东京是日本人口最多、商业集聚最密集的城市，同时也是日本排放量最大的城市，其排放量的 95% 都来自与能源相关的二氧化碳排放。从具体的排放源来说，东京的排放主要来自商业建筑，其在 2010 年开始引入强制性的排放交易制度，以减少大型办公室和工厂的温室气体排放，目前已经取得了非常显著的减排效果。

与日、韩两国的特大城市相比，中国 4 个直辖市的温室气体排放水平比同等发展水平的日、韩城市高得多，排放总量和单位 GDP 排放量约为日本的 5 倍。

从二氧化碳排放空间分布特征的角度看（图 2-9），韩国城市的二氧化碳排放空间特征与其城市功能相互对应：首尔呈现独特的排放空间特征，二氧化碳排放平均分布于全市各地，地区间差异较小，这可以归因于首尔是一个多中心的城市；釜山的排放集中于釜山湾附近，那里有世界级的大型港口；作为韩国的另一个重要港口，仁川的排放热点位于与首尔接壤的东部；此外，大邱的排放主要集中于北部城区，最低排放强度主要集中在南部地区。日本城市的二氧化碳排放空间特征呈现明显的地区差异：东京、大阪作为主要的大型城市，排放明显集中在中心城区，排放强度由中心区域向城市边缘递减，但是地域间差异较小；京都由于地域广阔、城市规模较小、人口相对集中，中心城区和郊区的碳排放差异明显；而千叶作为东京附近最大的工业城市，排放主要集中在千叶港和京叶工业区。中国城市的排放空间特征与日本、韩国的大型城市排放分布特点类似。

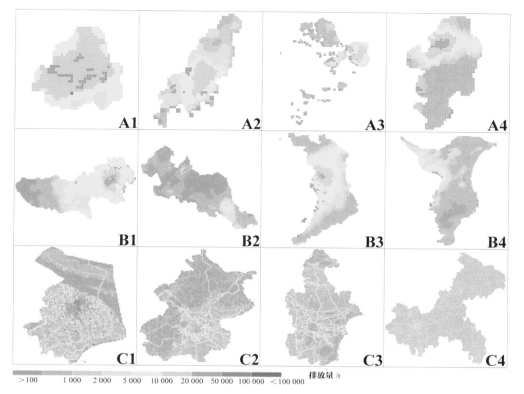

排放量 /t

| >100 | 1 000 | 2 000 | 5 000 | 10 000 | 20 000 | 50 000 | 100 000 | <100 000 |

图 2-9　中、日、韩三国 12 个典型城市温室气体排放格局对比

Figure 2-9　Comparison of spatial patterns between 12 selected cities from China, Japan and Korea

注：A1- 首尔，A2- 釜山，A3- 仁川，A4- 大邱；B1- 东京，B2- 京都，B3- 大阪，B4- 千叶；C1- 上海，C2-
北京，C3- 天津，C4- 重庆。

Note: A1-Seoul, A2-Busan, A3-incheon, A4-Daegu; B1-Tokyo, B2-Kyoto, B3-Osaka, B4-Chiba; C1-Shanghai, C2-Beijing, C3-
Tianjin, C4-Chongqing

二氧化碳篇

Carbon Dioxide

二氧化碳排放总量

Total CO₂ Emissions

Total CO_2 Emissions

匈牙利布达佩斯　张建军

美国芝加哥　董会娟

深圳小梅沙海滩　李珏

常州 BRT 快速公交　董会娟

3.1 二氧化碳排放空间格局 Spatial Pattern of CO₂ Emissions

中国城市二氧化碳排放量的空间分布与地势相似，都是三级阶梯分布，但是排放水平呈现东高西低的变化趋势；数量特征整体呈现梨形分布，即高排放城市的数量较少，大多数城市二氧化碳排放量处于相对较低的水平（图 3-1）。

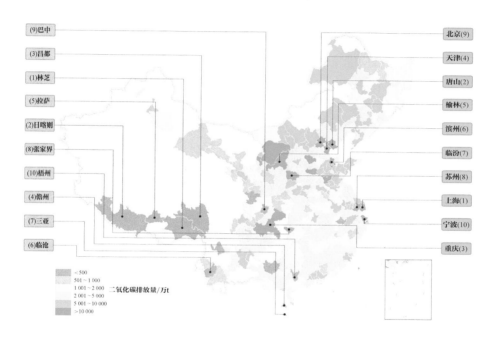

图 3-1 2015 年中国城市二氧化碳排放情况

Figure 3-1　Chinese cities CO₂ emissions in 2015

注：蓝灰色文字框标注排放量最低的 10 个城市（数字代表排序从小到大），橘红色文字框标注排放量最高的 10 个城市（数字代表排序从大到小）。

Note: The blue-gray text boxes list the 10 cities with the lowest emissions (ranked from small to large) and the orange text boxes list the 10 cities with the highest emissions (ranked from large to small).

2015 年，中国城市二氧化碳排放量高的城市分布在东部（北京、上海、河北、山东、江苏和浙江等）和能源大省（山西、内蒙古）；排放量中等的城市见于中部和东北地区；排放量低的城市集中于西南和西北地区（新疆、甘肃、宁夏、四川、云南、广西、西藏等）。高排放城市多是城市群发展的核心，城市规模相对较大，以工业型城市居多，经济水平普遍较好。排放总量高于 1 亿 t 的城市有 15 个，包括 4 个直辖市、8 个重要的工业型城市（唐山、榆林、临汾、鄂尔多斯、宁波、邯郸、银川和济宁）和 3 个其他型城市（滨州、苏州和石家庄）；排放总量介于 5 001 万～10 000 万 t 的城市有 55 个，多数集中于中国中东部经济发达地区和矿产资源集中地区。

中等排放城市的城市类型、城市规模、经济发展、能耗水平、人口分布、产业结构等均有明显的个性特征，情况复杂，差异显著。其中，排放总量介于 2 001 万～5 000 万 t 的城市有 118 个，以中部和东部地区的城市为主；排放总量介于 1 001 万～2 000 万 t 的城市有 65 个，以中部、东北和西部地区的城市为主。

低排放城市多受自然地理条件的约束，集中分布于中国西部和部分中部发展条件欠缺的地区，城市人口少、规模小。其中，排放总量低于 500 万 t 的城市有 14 个；排放总量介于 500 万～1 000 万 t 的城市有 27 个。2015 年，二氧化碳排放总量全国排名后 10 位的城市主要分布在中国的西南地区和海南省。

3.2 二氧化碳累积直接排放 Accumulative Direct CO$_2$ Emissions

中国 50% 的城市排放了 80% 的二氧化碳，承载了全国 63% 的人口，产生了全国 75% 的 GDP，占据了全国 46% 的国土面积，这充分显示出中国城市二氧化碳排放的分布不均以及过度集中的发展态势（图 3-2）。随着中国城市二氧化碳的累积、直接排放量的增加，GDP 的累积量也呈现了相似的变化趋势，充分说明经济发展在很大程度上决定了碳排放量，但城市个体间的影响差异明显（GDP 曲线的波动性较强）。人口数量的增加对碳排放量也起到了积极的推动作用，但是这种影响更倾向于碳排放量居中的城市，在碳排放量相对较高和较低的城市中，人口数量对碳排放量的作用逐步弱化，但城市个体间的影响差异不显著（人口曲线的波动性较弱）。而城市土地面积并未对累积碳排放量产生显著影响，这种特征显著存在于碳排放位居 20% ～ 85% 的城市中，这与城市建设用地开发规模和强度有关，但部分城市个体间的影响差异非常大（土地曲线两端的波动性很强）。

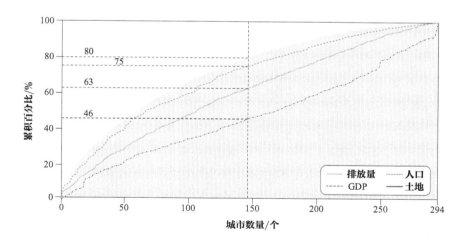

图 3-2　中国城市二氧化碳直接排放累积曲线
Figure 3-2　Curves of accumulative direct CO$_2$ emissions

注：先将城市直接排放量按照从大到小排序，然后计算其累积百分比。
Note: The cities were sorted in descending order before the accumulative calculation.

45

3.3 不同类型城市二氧化碳排放
CO₂ Emissions Characteristics of Different Types of Cities

3.3.1 产业结构 By Industry Structure

　　截至 2015 年，中国城市中有 11.22% 的城市属于服务业型城市，37.42% 的城市属于工业型城市，51.36% 的城市属于其他类型城市。服务业型城市多为城市产业和功能发展相对比较均衡的重要大型城市，如北京、上海等；工业型城市主要以第二产业为整个城市发展的重要支撑，如唐山、鄂尔多斯等。从图 3-3 中可以看出，其他类型城市的排放水平整体偏低（中位数最低），服务业型城市整体较高（中位数最高）、排放量离散程度最高（箱线图最长），这说明不同城市之间的排放量差异较大；其他类型城市排放量的离散程度最低，概率密度曲线出现了明显峰值，说明有较多城市聚集在这一数值区间；工业型城市排放的离散程度居于 3 种类型城市之间，更接近低离散程度，而且也有峰值出现。

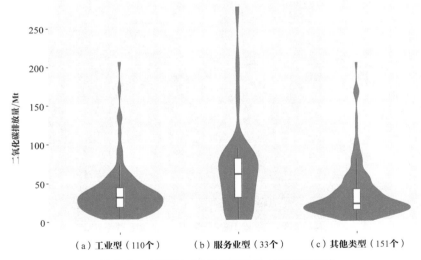

图 3-3 中国城市二氧化碳排放量（按产业结构）
Figure 3-3 Chinese Cities CO₂ emissions (By industry structure)

注：图中锥形的宽度代表城市二氧化碳排放的概率密度分布，中间白色矩形为箱线图，箱子的上下横线表示样本的 25% 和 75% 的分位数；箱子中间的粗横线表示样本的中位数；括号中的数值表示该类型城市个数。

Note: The violin plots show the distributions of Chinese cities CO₂ emissions, with each side representing the same value. The box plot inside the distribution indicates the first, second (the median) and third quartiles of the distribution. The numbers of cities in each type are parenthetically represented.

3.3.2 人口规模 By Population

　　截至 2015 年，中国城市中有 29.59% 的城市属于特大型城市，41.84% 的城市属于大型城市，28.57% 的城市属于中小型城市。中国的特大型城市有 45.98% 分布在东部地区，32.18% 和 21.84% 分布在中部地区和西部地区；大型城市中有 33.33% 分布在西部地区，30.89% 和 27.64% 分布在东部和中部地区；中小型城市中有 45.24% 分布在西部地区，分布在东北和中部地区的各占 21.43%。从图 3-4 中可以看出，特大型城市、大型城市和中小型城市的整体排放水平依次降低（中位数依次降低），但 3 种类型城市排放的离散程度也依次降低（箱线图的长短），说明中小型城市的排放量相对较为相似（概率密度曲线出现了明显的峰值），而特大型城市排放量的概率密度曲线较为平缓，说明城市排放量之间的差异较为明显。

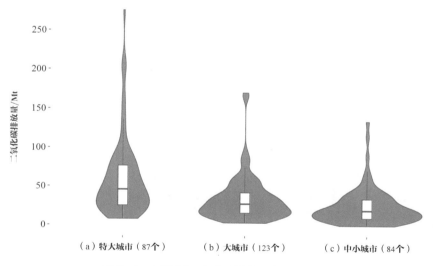

图 3-4　中国城市二氧化碳排放量（按人口规模）

Figure 3-4　Chinese Cities CO$_2$ emissions (By population)

注：图中锥形的宽度代表城市二氧化碳排放的概率密度分布，中间白色矩形为箱线图，箱子的上下横线表示样本的 25% 和 75% 的分位数；箱子中间的粗横线表示样本的中位数；括号中的数值表示该类型城市个数。

Note: The violin plots show the distributions of Chinese cities CO$_2$ emissions, with each side representing the same value. The box plot inside the distribution indicates the first, second (the median) and third quartiles of the distribution. The numbers of cities in each type are parenthetically represented.

3.3.3 不同分类比较 Comparison among Different Types of Cities

由图 3-5 可以看出，不同类型城市的二氧化碳排放量与城市产业结构、城市规模、人口聚集程度等情况紧密相关。服务业型城市的排放量主要集中在特大型城市，占 75.87%；少部分分布在大型城市，约占 23.23%；仅有很少一部分分布在中小型城市，仅占 0.90%。现代服务业已经成为衡量一个国家和地区现代化水平的重要标志，特大型城市因为城市化率高，所以其服务业发展程度也要明显高于中小型城市，大部分的服务业型城市都集中于特大型城市，而中小型城市的服务业发展程度相对较低。

工业型城市的排放量约有 41.98% 分布在大型城市，32.38% 分布在中小型城市，而 25.64% 分布在特大型城市。特大型城市早已开始注重城市的转型，因此其第一产业的比重相对较低，第三产业的比重则比较高；而大型城市和中小型城市很多是依靠第二产业发展起来的，还没有步入城市转型的过程。

其他类型城市的排放量约有 46.25% 分布在特大型城市，39.59% 分布在大型城市，仅有 14.16% 分布在中小型城市。

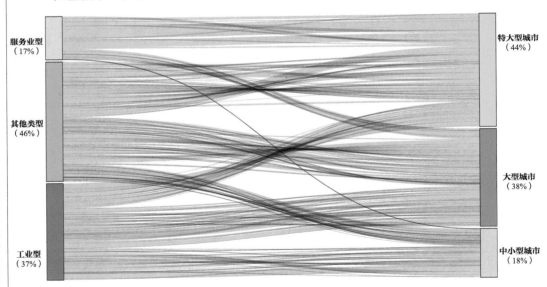

图 3-5 中国城市二氧化碳直接排放特征（不同分类比较）

Figure 3-5 Direct emissions characteristics (comparison among different types of cities)

注：括号中的数字为城市类型二氧化碳的排放占比。

Note: The numbers in brackets are the emissions proportion of the city types.

二氧化碳排放强度

CO₂ Emission Intensity

4

丹麦哥本哈根城市住宅　张建军　　　　　　　　　　津巴布韦维多利亚瀑布城　蔡博峰

荷兰风车村　张建军

中国西宁　蔡博峰

4.1 人均二氧化碳排放 CO₂ Emissions per Capita

中国各城市人均二氧化碳排放差异明显，介于 0 ～ 160 t/ 人，但大多集中在 30 t/ 人以下，仅有 5.4% 的城市人均二氧化碳排放超过 30 t/ 人。2015 年，中国城市人均二氧化碳排放整体大致呈现北方高、南方低的特征（图 4-1）。

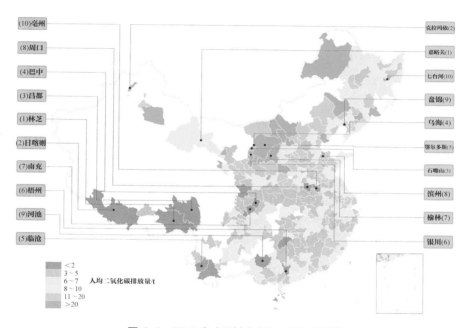

图 4-1　2015 年中国城市人均二氧化碳排放

Figure 4-1　Chinese cities per capita CO₂ emissions in 2015

注：绿色文字框标注人均二氧化碳排放量最低的 10 个城市（数字代表排序从小到大），橘色文字框标注人均排放最高的 10 个城市（数字代表排序从大到小）。

Note: The green text boxes list the 10 cities with the lowest per capita emissions (ranked from small to large) and the orange text boxes list the 10 cities with the highest per capita emissions (ranked from large to small).

人口少、矿产资源丰富、工业比重高是人均二氧化碳高排放城市的重要特征。2015 年，人均二氧化碳排放最高的 10 个城市分别为嘉峪关、克拉玛依、石嘴山、乌海、鄂尔多斯、银川、榆林、滨州、盘锦和七台河，其中前 7 个均有明显的资源型工业城市特征（图 4-1）。例如，嘉峪关具有丰富的矿产资源，形成了冶金工业为主导的工业体系，工业比重约 57%；克拉玛依具有丰富的石油资源，是国家重要的石油石化基地；石嘴山和乌海煤炭资源丰富，是国家重要的煤炭型工业城市；鄂尔多斯和榆林的煤炭储量和天然气储量均非常丰富，拥有国家重大的煤田和气田基地。此外，人均二氧化碳排放前 10 位城市中有 7 个为工业型城市；除榆林和滨州为中型城市以外，其余均为小型城市。

人均二氧化碳排放较低的城市呈现出以下特征：多为西南地区城市和中大型城市，产业结构以其他类型为主，森林资源和旅游资源丰富，森林碳汇量抵消掉很大部分的二氧化碳排放量，人均二氧化碳排放量均不超过 2 t/ 人。2015 年，人均排放量最小的 10 个城市中，除西藏的林芝、日喀则和昌都人口极少之外，其他城市均符合此特征。

4.2 单位 GDP 二氧化碳排放 CO₂ Emission per Unit of GDP

中国城市单位 GDP 二氧化碳排放强度介于 0 ～ 20 t/ 万元，且 91% 的城市单位 GDP 二氧化碳排放强度在 5 t/ 万元以下，其整体趋势与人均二氧化碳排放相似，即呈现北方高、南方低的特征（图 4-2、图 4-3）。

矿产资源丰富、工业比重较高是单位 GDP 二氧化碳排放高的城市的重要特征。2015 年，单位 GDP 二氧化碳排放最高的前 10 位城市分别为嘉峪关、七台河、石嘴山、临汾、淮北、铜川、乌海、吴忠、银川和淮南，单位 GDP 排放介于 7 ～ 20 t/ 万元。这些城市的 GDP 基本都位居后 15%，且除临汾和七台河外，基本都是工业比例很高的资源型城市，工业比重均高达 56% 以上。七台河虽然工业比重及工业总产值均不高，仅为 37%，但其资源城市特征明显，具有丰富的煤炭资源，是东北地区最大的焦煤生产基地；临汾的工业比重居中，约 49%，但其煤矿资源丰富；淮北是国家重要的能源城市，煤炭和精煤生产基地。

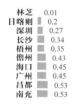

林芝	0.01
日喀则	0.2
深圳	0.27
长沙	0.34
梧州	0.35
儋州	0.43
海口	0.45
广州	0.45
昌都	0.53
南充	0.53

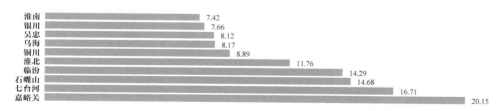

淮南	7.42
银川	7.66
吴忠	8.12
乌海	8.17
铜川	8.89
淮北	11.76
临汾	14.29
石嘴山	14.68
七台河	16.71
嘉峪关	20.15

图 4-2 2015 年中国城市万元 GDP 二氧化碳排放前 10 位及后 10 位

Figure 4-2   Top 10 and bottom 10 cities of CO₂ emissions per unit of GDP (¥10,000) in 2015

图 4-3　中国城市万元 GDP 二氧化碳排放

Figure 4-3　Chinese cities CO_2 emissions per unit of GDP (￥10,000)

注：字体大小代表数值大小。

Note: Font size represents the amount of emissions.

2015 年，单位 GDP 二氧化碳排放较低的 10 个城市依次为林芝、日喀则、深圳、长沙、梧州、儋州、广州、海口、莆田和昌都。城市特征与人均二氧化碳排放特征类似，有约一半城市重叠（林芝、日喀则、南充、昌都和梧州）。单位 GDP 排放低的城市具有以下特征：或者为 GDP 很低的其他类型城市，如林芝、日喀则和昌都，为全国 GDP 最低的 3 个中小型城市，且非工业主导；或者为低能耗的服务业型城市，如海口、深圳和广州，均为典型的服务业型城市，第三产业比重分别高达约 76%、59% 和 67%。

4.3 单位面积二氧化碳排放 CO₂ Emission per Unit Area

中国单位行政区面积二氧化碳排放强度与人均二氧化碳排放和单位GDP 二氧化碳排放特征虽然存在一些共性的影响因素，如产业结构和经济发展水平等，但相似度不高。一个典型特征是与城市面积密切相关，如排放强度后 20 位的城市中有 14 个城市的面积位居全国前 10%，而排放强度前 20 位的城市中有一半城市的面积位居全国后 6%。

单位行政区面积二氧化碳排放强度最高的城市为上海（43 648 t/km²），最低的为西藏林芝（0.1 t/km²），最高与最低相差 40 万倍（图 4-4）。上海排放总量也为第一，林芝排放总量也为倒数第一。

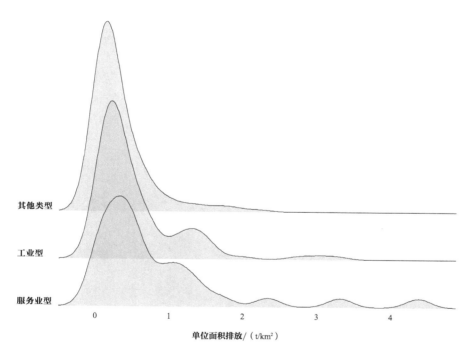

图 4-4 中国城市单位面积二氧化碳排放（按产业结构）
Figure 4-4 Chinese cities CO₂ emissions per unit area (By industry structure)

总体上看，城市排放强度为东部＞中部＞西部，这在很大程度上与西部城市二氧化碳排放较低且城市面积大相关。2015 年，单位行政区面积排放强度排名前 10 位的城市基本都在东部地区，除上海外其他城市的排放总量并非很大；单位行政区面积排放强度排名后 10 位的城市基本在西部地区，而且排放总量较小，其中有 8 个城市的排放总量在倒数 20 位之内。另外，单位行政区面积排放强度的大小与国土开发强度大小的空间一致度较高。

二氧化碳排放主要是在城市建设用地上产生的，而并非在整个城市区域上产生。采用单位建设用地排放这一指标，能更准确地衡量地均排放水平。从单位建设用地排放强度来看，中西部城市与南方城市的排放强度明显要高，最高为贵州六盘水（4 229 t/hm²），最低为西藏林芝（2.8 t/hm²），最高与最低相差 1 500 倍。单位建设用地排放强度与单位行政区面积排放强度的分布差异较大。

从城市产业结构类型来看，工业型城市单位建设用地排放强度较大（图 4-5）。单位建设用地排放强度 1 000 t/hm² 以上的有 42 个城市，其中多数为工业型城市，只有 4 个服务型城市和 9 个其他类型城市。单位建设用地排放强度大的城市多数为经济水平（按人均 GDP 衡量）中等的城市；反之，单位建设用地排放强度小的城市多数为经济水平较低的城市，经济发展并不充分。经济水平较高的城市，单位建设用地排放强度一般为中等水平。

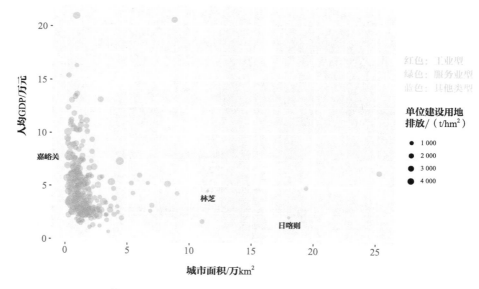

图 4-5　中国城市单位建设用地二氧化碳排放

Figure 4-5　Chinese cities CO₂ emissions per unit of built-up area

4.4 不同类型城市二氧化碳排放强度对比
CO₂ Emissions Intensity Comparison among Different Types of Chinese Cities

中国城市人均二氧化碳排放和单位 GDP 二氧化碳排放呈现明显的相关性，人均二氧化碳排放量大的城市万元 GDP 排放通常也较大。图 4-6 同时还反映了二氧化碳排放强度与排放量、产业结构和人口规模的相互关系。从排放量来看，二氧化碳排放强度与其没有明显关系，但对于部分排放强度高的城市，其二氧化碳排放量往往也比较大，尤其是大城市和中小城市。对于特大城市而言，其排放量虽然相对较大但是其排放强度却并不太高，处于中等水平，主要原因是由于特大城市经济发展水平较高、技术先进，因此排放强度较低。从城市人口规模看，中小城市的二氧化碳排放强度（包括人均和万元 GDP 排放强度）最高，大城市次之，特大城市的排放强度相对要低很多。排放强度最高的前 15% 的城市中，只有唐山和宁波是特大城市，其余 41 个全是大型城市或中小型城市。从城市产业结构看，工业型城市的二氧化碳排放强度高于其他类型城市，且明显高于服务业型城市；排放强度最高的前 12% 的城市中，只有呼和浩特是服务业型城市，其余 34 个全是工业型或其他类型城市；人均排放相似的城市，万元 GDP 排放强度整体趋势为其他类型＞工业型＞服务型。

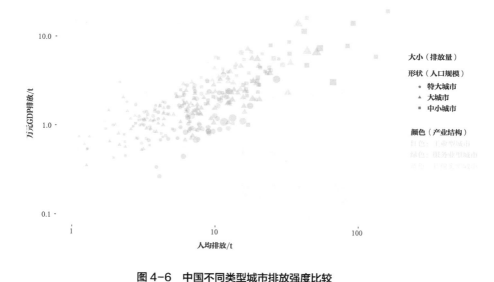

图 4-6 中国不同类型城市排放强度比较

Figure 4-6 Comparison of Chinese cities CO₂ emission intensity

5 部门二氧化碳排放
Sectoral CO$_2$ Emissions

广东中山小榄镇居民家的太阳能　李芬

河北沧州农村居民采暖用洁净煤代替传统散煤　蔡博峰

河北承德塞罕坝森林　姚波

河北唐山港口物流　张建军

5.1 部门二氧化碳排放结构 CO₂ Emissions by Sectors

中国城市部门二氧化碳排放结构中，工业能源排放占比最高，达到70.93%；其次是间接排放，达到9.05%；工业过程和交通排放位列第3位和第4位，分别为7.63%和6.74%；服务业、农村生活、农业和城镇生活位列部门排放中的后4位，排放占比均小于3%。工业能源、间接排放、工业过程、交通和城镇生活5个部门的二氧化碳排放占比均以东部地区最多，其次依次为西部、中部和东北地区；服务业和农业2个部门的二氧化碳排放占比以西部地区最多，其次依次为东部、中部和东北地区；农村生活二氧化碳排放占比仍以西部地区最多，但中部、东部和东北地区位列第2位到第4位。各部门的排放在东北地区均最低。间接排放在全国四大地区分布最不均衡；交通部门排放的分布也不均衡，仍主要集中在东部地区，占全国排放总量的44.82%。其他部门的排放在除东北地区以外的三大地区相对较为均衡（图5-1）。

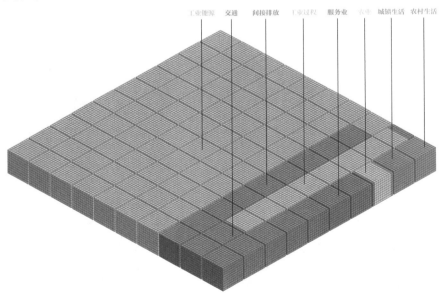

图 5-1 中国城市部门二氧化碳排放结构

Figure 5-1   Average proportion of CO₂ emissions by sectors of Chinese cities

5.2 部门间排放的相关性 Correlation between Sectoral CO₂ Emissions

城市不同部门之间，除了工业过程与农村生活以及工业过程与服务业之间的相关性不显著，其他部门之间均呈现显著的正相关，这表明部门之间的二氧化碳排放存在着或大或小的联系，多数部门二氧化碳排放量之间存在相互推动、同增共减的特点（图 5-2）。

交通部门排放与城镇生活排放、间接排放、服务业排放之间存在显著的正相关性，且相关系数较大，分别达到 0.73、0.70 和 0.66，表明城镇生活排放、间接排放、服务业排放与交通排放互相促进，同向变化。城镇作为人类生存、生产的主要集聚区域，也是人类经济、文化和科技发展中心，对交通的依赖程度较高，因此城镇生活排放与交通排放之间的相关性最高。间接排放与交通排放的相关性大也不难理解，因为交通排放量大的城市多是人口规模大、经济发展好的城市，这些城市的资源禀赋往往满足不了城市自身生产生活的能源消耗，所以往往交通较为发达的地方外调能源也较高，从而导致交通排放大的同时间接排放也大。

城镇生活排放与其他各部门之间均存在显著的相关性，与交通、间接排放和服务业的相关性相对较高，均达到 0.5，而与工业能源、农村生活、工业过程和农业的相关性相对较低，但也均超过 0.3，这表明各部门排放对城镇生活排放都呈现显著的促进作用。

工业过程排放与其他部门排放之间的相关性普遍较小，只有工业过程与间接排放以及工业工程与城镇生活之间的相关系数大于 0.3，其他部门均小于 0.3，且工业过程与农村生活以及工业过程与服务业之间的相关系数小且不显著。这表明工业过程与其他部门之间的相互影响不大。

农业和农村生活排放与服务业排放的相关性均高于其与其他部门的相关性（相关系数分别为 0.43 和 0.42）。

交通排放和城镇生活排放、间接排放以及服务业排放有着很强的相关性，现实情况中，交通和这 3 个部门的排放往往相互影响和促进。所以一定程度上可以说，交通排放的大小在一定程度上可以表征城镇生活排放、间接排放以及服务业排放的大小。同样，随着城市的发展和居民生活水平的提高，交通排放往往也会随之增加。

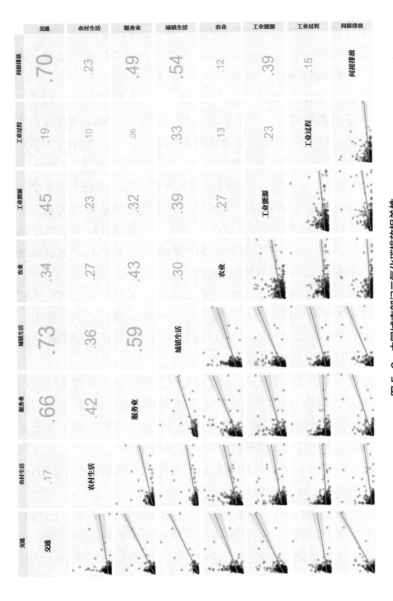

图 5-2 中国城市部门二氧化碳排放相关性

Figure 5-2　Chinese cities sectoral CO$_2$ emissions correlation

注：青色数字表示没有达到显著水平（$P > 0.05$）；红色数字均表示达到显著水平（$P < 0.05$）。

Note: Cyan numbers indicate the correlation does not reach the significant level ($P > 0.05$); Other red numbers indicate the correlation reaches the significant level ($P < 0.05$)

5.3 中国省会城市部门二氧化碳排放聚类分析
Cluster Analysis for Provincial Capital Cities

图 5-3 是中国大陆省会城市（包括 4 个直辖市）各部门排放占该城市总排放比例的聚类分析。总体上各省会城市不同部门排放比例趋势基本一致，绝大多数省会城市中工业能源排放占比最高，基本在 50% 以上，可见省会级别城市的主要二氧化碳源头还是工业能源排放，银川、呼和浩特、太原、乌鲁木齐等（排放结构相近）可达到 70% 以上，而且这 4 个城市的交通排放占比也很接近。北京、上海以及拉萨、海口、长沙、贵阳的工业能源占比较低，反映出这些城市的产业结构更加"去工业化"。海口间接排放占比较高，也是交通排放占比最高的城市；杭州、北京、长沙、西宁等城市间接排放占比接近。工业过程排放占比中，拉萨、南宁、合肥结构接近，且高于其他省会城市。省会城市在服务业、农业、城镇生活、农村生活 4 个部门的排放占比均普遍偏低，说明此 4 个部门在二氧化碳排放中的贡献度微弱。在农村生活排放占比中，贵阳相较于其他城市明显偏高，且农村生活排放是继服务业、间接排放之后贵阳的第三大排放部门；城镇生活排放占比中，西安和成都占比相对较高。

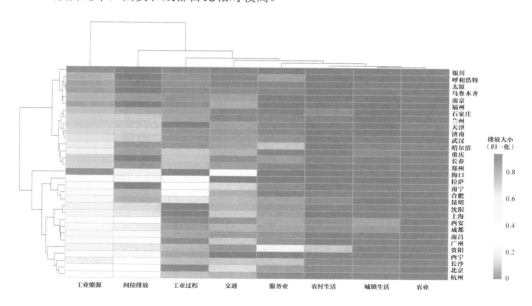

图 5-3　中国省会城市部门排放占比（排放在城市归一化）
Figure 5-3　Cluster analysis for provincial capital cities (emission normalized within the cities)

　　图 5-4 是中国大陆省会城市（包括 4 个直辖市）部门排放占所有城市该部门排放比例的聚类分析，体现不同城市不同部门的排放体量。从总体上来看，整体趋势相对明显，各个部门排放占比最高的城市比较集中。4 个直辖市的交通、服务业、间接排放占所有城市该部门的排放比例都很高，体现出直辖市人口规模和经济体量大的特点，也反映出直辖市产业结构完备、交通发达但资源禀赋能力有限，城市生存和生产的需求大于自身资源的承载力；重庆的工业过程、农业、城镇生活排放占相应部门的比例较高，显示出其城市化水平低于其他 3 个直辖市（城镇生活中一次能源消费量偏高）。工业能源中，太原、济南、兰州、银川、石家庄占比近似，体现出这 5 个城市的工业能源排放是继 4 个直辖市之后的第二梯队城市；间接排放中，杭州和广州的体量接近；农村生活排放中，贵阳占比最高，明显高于其他省会或直辖市，是省会城市中各部门占比唯一在 20% 左右的城市，其他城市的农村生活部门排放占比普遍小于 5%。

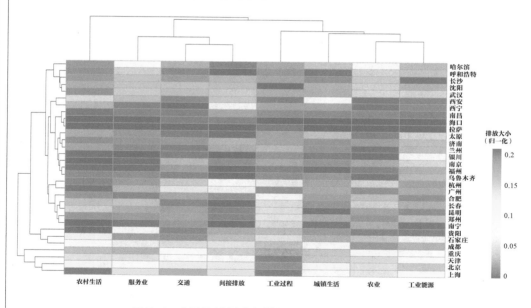

图 5-4　中国省会城市部门排放占比（排放在部门归一化）

Figure 5-4　Cluster analysis for provincial capital cities (emission normalized within the sectors)

5.4 森林碳汇 Forest Carbon Sequestration

中国森林碳汇最高的两个城市是内蒙古的呼伦贝尔和西藏的林芝。面积广阔是一个原因（呼伦贝尔 25 万 km²，林芝 11 万 km²），但更为重要的是，这里有着中国最为重要的完整森林生态系统，构成了中国最为重要的森林碳汇。完整森林生态系统是面积大于 500 km² 的林地，森林的线性尺度不低于 10 km，且近 30 ～ 50 年内没有受到明显人为活动的干扰。这一概念和原始森林生态系统很接近。

内蒙古的森林碳汇主要在东北部，中西部以荒漠和沙地为主。尽管鄂尔多斯的森林碳汇并不乐观，但其森林的生态功能也不容小觑。鄂尔多斯的西南部本属于毛乌素沙地，由于多年的飞播固沙（以沙生灌丛为主）和人工造林（以樟子松为主），其生态功能和碳汇能力正在不断加强。呼伦贝尔给人的印象似乎是大草原，其实是大兴安岭的核心地带，森林面积超乎想象，内有诸多重要的完整森林生态系统。其中一块比较有意思，在额尔古纳河南岸，奇干、西口子、恩和哈达一带（大兴安岭林区北部），在 19 世纪末是中国著名的金矿，到了民国时期，因为战乱等原因，采金者逐渐撤出。如今，曾经的金矿周围已经恢复为人迹罕至的"完整森林"。大兴安岭的山虽然不高，但茂密的针叶林和林下复杂的生态系统有着强劲的固碳能力。

林芝地处青藏高原的边缘，这里的云杉和冷杉可以高达 50 ～ 70 m，树木之间密度很大，林中潮湿阴暗，树上葛藤缠绕，附生植物众多，林下苔藓丛生，生物产量巨大。这种森林也叫暗针叶林，来自印度洋的水汽在喜马拉雅山地区受到了阻挡，却沿着雅鲁藏布大峡谷这个水汽通道一直北上，形成了一个因外形像舌头而被称为"湿舌"的湿润地区。林芝的森林正是拜这条"湿舌"所赐，形成了中国面积最大的一片"完整森林"，而林芝的墨脱县就位于这片"完整森林"的核心地带。

图 5-5 为中国城市森林碳汇图，图 5-6 为中国城市森林碳汇前 10 位和后 10 位。

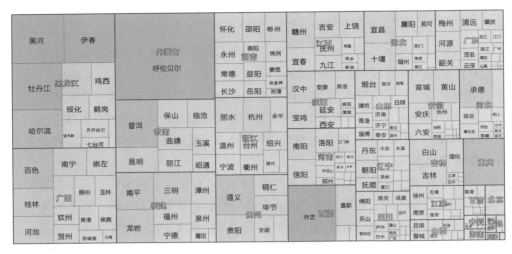

图 5-5　中国城市森林碳汇

Figure 5-5　Chinese cities forest carbon sequestration

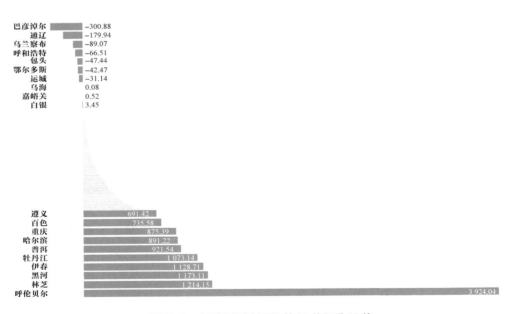

图 5-6　中国城市森林碳汇前 10 位和后 10 位

Figure 5-6　Top 10 and bottom 10 cities of forest carbon sequestration

注：图中数据标注的是碳汇量（万 t），正值为碳汇，负值为碳源。

Note: The numbers show carbon sequestration (10^4 ton).

5.5　沿海水运二氧化碳排放 Coastal Waterborne Navigation CO₂ Emissions

　　沿海船舶水运交通的二氧化碳排放一直是交通领域排放核算和计量的难点，主要原因是船舶作为移动源，其燃油消费和二氧化碳排放的精确计量较为困难；同时，沿海区域很难和城市行政范围直接挂钩，导致沿海船舶水运交通的排放管理更多的是行业层面，而很难和地方尤其是城市减排结合起来。近些年由于船舶自动识别系统（Automatic Identification System，AIS）的发展，使沿海船舶水运交通排放问题的解决出现了新的突破口。船舶 AIS 有助于加强海上生命安全，提高航行的安全性和效率，国际海事组织发布的《国际海上人命安全公约》要求航行于国际水域，总吨位在 300 t 以上的船舶，以及所有不论吨位大小的客船，均应安装 AIS。船舶 AIS 可以获取船舶实时详尽的基础数据，包括船名、位置、航向、船速以及船舶主机功率、辅机功率、船舶航行状态时间等参数，从而计算每条船舶在不同位置发生的排放。

　　《中国城市温室气体排放数据集（2015）》基于 AIS 建立了中国沿海船舶水运交通 1 km 排放网格数据，并且将每个网格的排放量归属于直线距离最近的城市，从而得到城市层面的沿海船舶水运交通二氧化碳排放图（图 5-7）。环渤海经济带（唐山、大连、烟台、青岛、威海）、长三角沿海城市（上海、舟山）排放体量很大，与这些地区高强度的海上运输密切相关。这种排放归属方法是否合理可以继续讨论，但毋庸置疑的是，这些城市对其近海航运排放有显著的影响和最为直接的管理能力，如唐山港货物吞吐量和集装箱吞吐量的快速增长，与其产业结构及发展导向有重要关联。

唐山
大连
烟台
威海
青岛
上海
舟山
宁波
深圳

图 5-7　中国城市沿海水运二氧化碳排放

Figure 5-7　CO$_2$ emissions of coastal waterborne navigation of cities

中国二氧化碳排放前 10 位城市

Top 10 Chinese Cities by Total Amount of CO₂ Emissions

6

"宇宙中心"——北京五道口 梁森 重庆 代春艳

空中鸟瞰建设中的唐山曹妃甸　姚波

上海老街　董会娟

6.1　总体特征 General Characteristics

　　2015 年，全国二氧化碳排放总量排名前 10 位的城市依次是上海、唐山、重庆、天津、榆林、滨州、临汾、苏州、北京和宁波。其中，7 个城市分布在东部地区，2 个分布在中部地区，1 个分布在西部地区。除北京和上海以外，其他 8 个城市的第二产业经济贡献度均超过 40%，榆林更是超过了 60%。北京、上海、重庆和天津四大直辖市的交通二氧化碳排放占比较高，分别达到 17.8%、13.6%、9.6% 和 7.5%，这与四大直辖市人口体量大、流动大、经济发展快、汽车保有量高密切相关。北京、上海、苏州、唐山和天津的间接二氧化碳排放占比相对较高，均超过 10%，尤其是北京的间接排放占比高达 33.2%。唐山和重庆工业过程二氧化碳排放占比突出，其他城市均低于 3%。图 6-1 为中国二氧化碳排放前 10 位的城市。

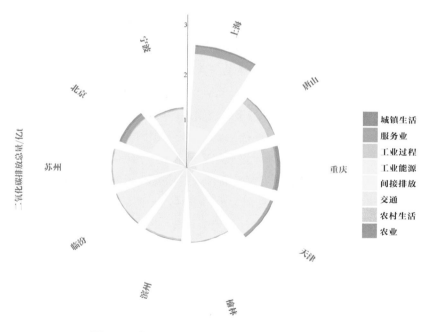

图 6-1　中国二氧化碳排放前 10 位城市

Figure 6-1　Top 10 Chinese cities by total amout of CO$_2$ emissions

6.2 不同城市特征 The Characteristics of Different Cities

6.2.1 上海 Shanghai

一线城市，"北上广深"，如果再用"经济"评估，上海无疑居首。上海的二氧化碳排放也与其经济地位相符，其特点可用"峰、全、低"三字概括。

"峰"。上海有多项指标均处于全国城市排名第 1 位。GDP 是全国首位，其二氧化碳排放总量也是全国首位。交通方面，上海作为商业之都，人员流动往来频繁，交通需求量大。同时，上海处于长江三角洲交通网络核心区域，也是全国交通网络的枢纽和集散地，交通二氧化碳排放量也占到了全国首位。

"全"。上海全部门（除农村生活外）二氧化碳排放量在全国均处于较高水平。排放结构集中在工业能源、间接排放和交通三方面。其中，工业部门能源消费排放约占总排放量的 58.8%，间接排放和交通领域分别占 19.9% 和 13.6%。第二产业 GDP 比重约为 31.8%，但工业领域的排放占比却高于 59%；第三产业 GDP 比重约为 67.8%，但二氧化碳排放占比仅为 5.9%。上海虽然制造业在国内名列前茅，但其更是一个金融业城市。在间接排放方面，上海经济正处于高速发展的时期，能源消耗与日俱增——2015 年上海全社会用电量 1 405 亿 kW·h，是全国用电量最多的城市，而上海是一个电力净输入地区，其本地区装机容量和发电量远不能满足其负荷的要求。

排放空间格局上，上海受高排放工业企业影响显著高排放网格（图 6-2 紫色区域）很多都出现在周边沿海地区，如南边沿海有中国石化上海石油化工股份有限公司、上电漕泾发电公司等，北边沿海有上海石洞口第一电厂、第二电厂、宝钢公司、外高桥发电厂等。

"低"。上海的排放强度相对于其排放总量、部门排放量在全国占比而言，处于较低水平——人均排放和单位 GDP 排放与全国其他城市相比并不算高，其中人均排放全国排名第 87 位，为 11.46 t/ 人；单位 GDP 排放全国排名第 211 位，为 1.1 t/ 万元。但地均排放全国排第一，达到 4.36 万 t/km^2。

上海多项指标居首，这与其经济之"量"相符，而二氧化碳排放强度的"低"也与经济之"质"关系匪浅。

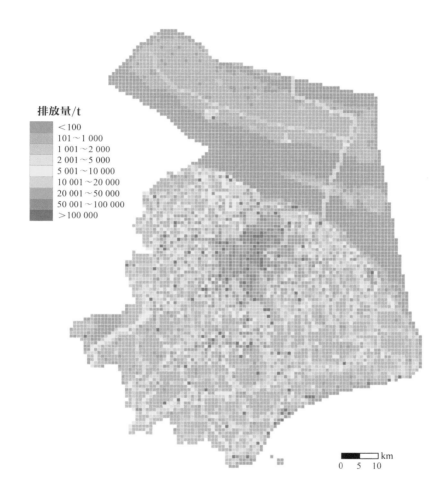

排放量/t

- < 100
- 101～1 000
- 1 001～2 000
- 2 001～5 000
- 5 001～10 000
- 10 001～20 000
- 20 001～50 000
- 50 001～100 000
- > 100 000

km
0 5 10

图 6-2　上海二氧化碳直接排放 1 km 网格

Figure 6-2　1 km resolution grid map of Shanghai direct CO$_2$ emissions

73

6.2.2 唐山 Tangshan

自从国人开始关注雾霾、$PM_{2.5}$……唐山便不断被人提及，而在二氧化碳排放榜单上，唐山也位居前列——排放总量全国第二，仅次于上海。唐山是中国著名的工业城市，其排放形势与此有极大关联。概括而言，其特点是"三高"。

第一，总量高。唐山是 4 个二氧化碳排放量超过 2 亿 t 的城市之一。

第二，强度高。唐山的人均二氧化碳排放量在全国排第 19 位，为 26.44 t/ 人；地均二氧化碳排放量在全国排第 13 位，为 1.53 t/km²；单位 GDP 二氧化碳排放量为 3.38 万 t/ 元，这三者都远高于其他同类地级市。

第三，工业领域的二氧化碳排放量高。唐山工业领域排放总量在全国位居第 3 位，工业部门能源消费二氧化碳排放量在全国排第 6 位，工业过程排放量在全国排第 4 位。工业部门能源消费排放量约占总排放量的 71.3%，工业过程排放量占总排放量的 6.8%，两者之和占市总排放量的 78.1%，工业领域是其二氧化碳排放的主导因素。

唐山的城市排放空间格局没有出现聚集显现，高排放网格较为分散，但受工业企业影响明显（图 6-3 中紫色高排放网格），大唐国际陡河发电厂、唐山国丰钢铁公司等都离主城区较近；最南端的曹妃甸港区（岛区）由于聚集钢铁工业，也出现了高排放区域。

唐山的"三高"与我们医疗健康中提到的"三高"非常相像。医学中的"三高"是富贵病，吃得好才会得。排放"三高"，也是由工业发展带来的。首钢迁到唐山，给唐山经济带来了发展契机，但同时也带来了行业必需的能源物资消耗。随着经济的发展、人民生活水平的提高，解决这些消耗带来的问题也越来越引起社会的重视，二氧化碳排放即为其中的重要问题之一。

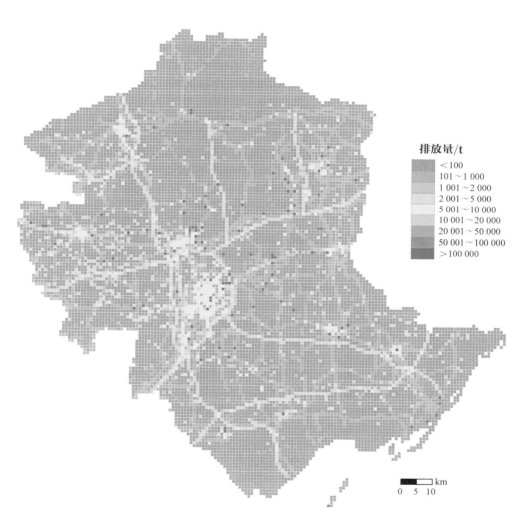

排放量/t

- <100
- 101～1 000
- 1 001～2 000
- 2 001～5 000
- 5 001～10 000
- 10 001～20 000
- 20 001～50 000
- 50 001～100 000
- >100 000

km
0　5　10

图 6-3　唐山二氧化碳直接排放 1 km 网格

Figure 6-3　1 km resolution grid map of Tangshan direct CO$_2$ emissions

6.2.3 重庆 Chongqing

山城重庆在民国时期曾经做过"陪都"，当时有大批企业跟随政府内迁至此，打下了很好的工业基础，新中国成立后成为中国老工业基地之一，现在则发展为国家重要的现代制造业基地，形成了全球最大的电子信息产业集群和中国最大的汽车产业集群。重庆二氧化碳排放的特点可概括为"一高三中、差异明显"。

"一高"，即总排放量高。重庆二氧化碳排放总量与唐山一样也超过了 2 亿 t，位居全国第 3 位，是全国城市平均水平的 5.27 倍。

"三中"，即人均排放量、单位 GDP 排放量和地均排放量均处于全国各类指标的中游水平。重庆常住人口超过 3 000 万人，是全国人口最多的城市，从其排放格局（图 6-4）可以看出，除了中心城区，重庆与真正的城市相去甚远，甚至连大都市区（类似北京、上海）都比不上。人口的大体量导致其人均排放水平处于全国中等偏下水平。作为内陆的开放高地、西南部的交通枢纽和著名的商业城市，重庆的 GDP 在全国排名第 6 位，而单位 GDP 排放却处于全国中等偏下的水平。重庆在全国城市中的地域面积相对较大，地均排放量处于全国中游水平。

"差异明显"，指部门排放差异明显。重庆不同产业的 GDP 贡献与二氧化碳排放量不成正比。工业领域的二氧化碳排放占重庆二氧化碳排放总量的 77.6%，农业和服务业的排放占比则非常小。重庆是中国重要的现代服务业基地，已形成了农业农村和金融、商贸物流、服务外包等现代服务业。说到服务业，要提到重庆的文化符号之一"棒棒军"：跟随重庆的工商运输服务业发展，基于山城的地理条件，发展出了"棒棒"这种一根竹棒挑天下的神奇行当，堪称"低碳交通"尤其是短距离低碳交通的典范。

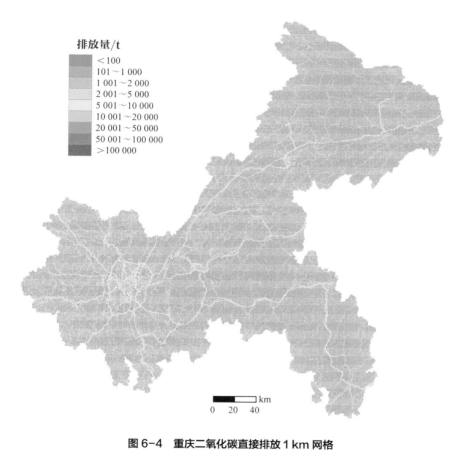

排放量/t
<100
101～1 000
1 001～2 000
2 001～5 000
5 001～10 000
10 001～20 000
20 001～50 000
50 001～100 000
>100 000

km
0   20   40

图 6-4　重庆二氧化碳直接排放 1 km 网格

Figure 6-4　1 km resolution grid map of Chongqing direct CO₂ emissions

6.2.4　天津 Tianjin

天津二氧化碳排放的特点与重庆"字面"相似，但某些具体特点实则相反，为"三高一低、差异明显"。

"三高"，即总排放高、间接排放高、地均排放高。天津二氧化碳排放总量与唐山、重庆一样也超过 2 亿 t，在全国排名第 4 位。间接排放远超其他城市，在全国列第 7 位。地均、人均的特点与重庆相反，其地均排放量远超过其他城市，全国排名第 12 位。

"一低"，指单位 GDP 排放水平较低。天津单位 GDP 排放排名为第 192 位，在全国城市中处于偏下水平。

"差异明显"。各部门之间二氧化碳排放量存在显著差异。工业领域是主要的来源，工业部门能源消费与工业过程之和占天津市总排放量的 74.76%，生活、交通、服务业等占比都比较低，其中服务业的占比不到 1%，第三产业对 GDP 的贡献却达到了 52.15%，说明天津第三产业二氧化碳排放的经济效益非常高，这一差异比重庆还要明显。

在中国 4 个直辖市里，天津不是政治中心，也不是金融中心，但却是一个比较生活化的城市。德云社的郭老板是天津出来的，民国时候的相声大师也必须在津门演出过才敢说成了腕儿——可以说从那时起就在天津打下了第三产业的基础，现在天津第三产业的二氧化碳排放经济效益数据也就可以理解了。需要指出的是，天津滨海新区重化工行业的快速发展，尽管带动了经济增长，但已经俨然形成了高排放聚集区（图 6-5），未来的发展方向和减排战略值得深入关注。

天津是中国平均海拔最低的城市（不到 4 m），同时又是沿海城市，所以是气候变化和海平面上升最直接和最严重的受害者，相信其应对气候变化的积极性、执行力和活力一定会越来越强。

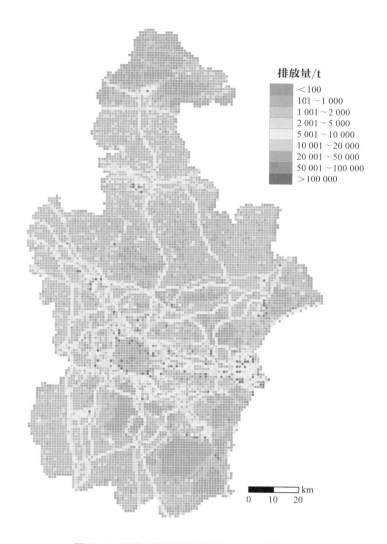

排放量/t
- < 100
- 101～1 000
- 1 001～2 000
- 2 001～5 000
- 5 001～10 000
- 10 001～20 000
- 20 001～50 000
- 50 001～100 000
- > 100 000

km
0   10   20

图 6-5 天津二氧化碳直接排放 1 km 网格

Figure 6-5   1 km resolution grid map of Tianjin direct CO₂ emissions

6.2.5　榆林 Yulin

　　榆林是中国著名的新能源示范城市和能源化工基地，位于世界七大煤田之一的神府—东胜煤田，有中国最大的陆上整装气田——陕甘宁气田。过去长期以煤炭、石油、天然气、岩盐等传统化石能源开发转化为主，故其二氧化碳排放具有明显的"双高双大"特点。

　　"双高"，指总排放量高、工业领域排放高。榆林二氧化碳排放总量超过 1.7 亿 t，居全国第 5 位，远超同类经济水平的其他城市。例如，榆林与廊坊的 GDP 相差无几，但是二氧化碳排放总量却是廊坊的 5 倍之多。工业部门能源消费排放量和工业总排放量都位居全国首位，工业总排放量占榆林排放总量的 97.6% 之多。

　　"双大"，指单位 GDP 排放大、人均排放大。单位 GDP 排放在全国排第 13 位，说明榆林以巨大的二氧化碳排放量换取的经济收益有限；人均排放量大，在全国排第 7 位。

　　前面提到唐山的"三高"是因为经济类型比较单一，主要靠钢铁；榆林的"双高双大"则是主要靠煤炭，其排放空间格局（图 6-6）的高排放网格基本都集中在西北部的神东煤田。神东煤田是世界上最大的煤田，山西因煤炭生产而带来的经济和排放问题不少都可以在榆林发现。但是，榆林临近内蒙古，太阳能、风能资源丰富。为改变之前煤炭经济带来的排放问题，榆林积极开发利用新能源，大力培育发展以太阳能、风能为主导的新能源产业。

　　兰炭是榆林的特色产品，类似一种半焦产品，是与优质无烟煤排放接近的清洁民用煤。榆林在兰炭发展上付出了诸多努力，如集中建设了 22 个兰炭工业集中园区。环境保护部 2016 年发布了《民用煤燃烧污染综合治理技术指南（试行）》，明确了兰炭的民用优质煤地位，无疑会助力兰炭的发展。

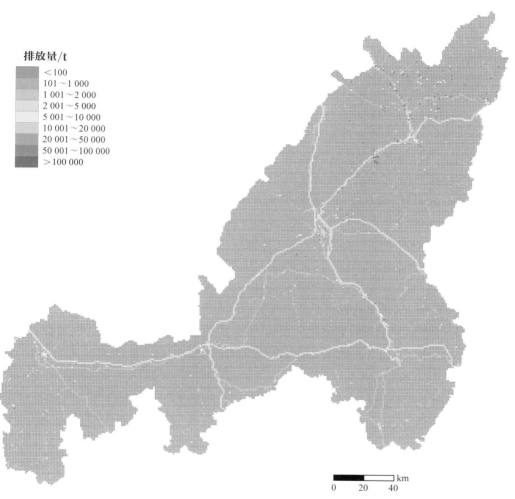

排放量/t

- ＜100
- 101～1 000
- 1 001～2 000
- 2 001～5 000
- 5 001～10 000
- 10 001～20 000
- 20 001～50 000
- 50 001～100 000
- ＞100 000

km
0   20   40

图 6-6　榆林二氧化碳直接排放 1 km 网格

Figure 6-6　1 km resolution grid map of Yulin direct CO₂ emissions

6.2.6 滨州 Binzhou

滨州地处黄河三角洲地区和环渤海经济圈，其二氧化碳排放呈现出"四高一聚"的特点。

"四高"，指总排放高、单位 GDP 排放高、人均和地均排放高。滨州二氧化碳排放总量居全国第 6 位，是全国城市平均水平的 4.55 倍之多；人均二氧化碳排放居第 8 位，单位 GDP 二氧化碳排放和地均二氧化碳排放均居第 11 位，是排放总量前十大城市中的"四高"城市。

"一聚"，指排放行业聚集。滨州是典型的工业城市，工业部门能源消费的排放量在全国排第 4 位，工业领域二氧化碳排放总量在全国排第 6 位。工业部门能源消费排放量占滨州总排放的 91.52%，工业过程排放量占比为 2.19%，两者之和占市排放总量的 93.71%。

滨州并非山东经济最差的，却是山东不上不下、相当"尴尬"的城市之一，经济体量（GDP）在山东省排倒数第 4 位，知名度不仅无法与青岛、济南、烟台相比，甚至还不敌枣庄，说是沿海城市，但是"临海不见海，沿海不靠海"。但在二氧化碳排放方面却"异军突起"，成为山东第一，全国第六，该现象值得反思。滨州排放行业聚集，其排放的空间格局也相对比较聚集，南部的邹平县（图 6-7）已经初现高排放聚集区态势，同时博兴县的中部和南部也都出现了高排放聚集区。

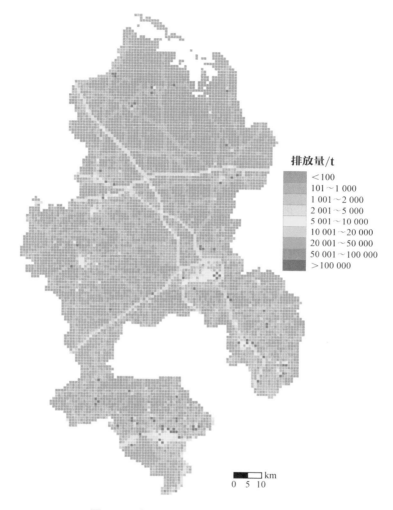

排放量/t

<100
101~1 000
1 001~2 000
2 001~5 000
5 001~10 000
10 001~20 000
20 001~50 000
50 001~100 000
>100 000

km
0 5 10

图 6-7　滨州二氧化碳直接排放 1 km 网格

Figure 6-7　1 km resolution grid map of Binzhou direct CO₂ emissions

6.2.7　临汾 Linfen

山西临汾是中国三大优质主焦煤基地，这在一定程度上决定了其二氧化碳高排放的必然性，有"三高一差异"的特点。

"三高"，指总排放高、单位 GDP 排放高、人均排放高。临汾排放总量大，在全国地级市中居第 7 位；人均排放相对排放总量排名略有靠后，但仍然处于较高水平，在全国居第 12 位；单位 GDP 排放相对较高，在全国居第 4 位。

"一差异"，指排放效益差异明显。2015 年，临汾第二产业产值占比 48.53%，而工业领域排放占比达 96.51%，95.76% 来自工业生产的能源消耗；第一产业和第三产业的产值占比分别为 7.84% 和 43.64%，但其相应的农业、服务业二氧化碳排放占比都小于 1%。

临汾的二氧化碳排放空间格局呈现条形，高排放网格主要沿着京昆高速呈南北向带状分布（图 6-8），这与其山谷地形有很大关系。这种地形格局会导致温室气体和污染物在空间上聚集，非常不利于污染物扩散，是温室气体和污染物需要协同治理的典型。

临汾是一个资源型城市，有一定的经济基础。近年来面临转型痛苦，空气质量不好，雾霾严重。在山西省内，临汾的综合实力不如太原、大同等城市，所以一些"政策福利"可能得不到，但相似之处在于它们都是煤炭资源型城市，山西其他城市的发展经验也可供临汾借鉴。

临汾市是山西省新型能源和工业基地建设的重要组成部分，在低碳发展道路上，临汾市开展了多项建设工程，包括建设煤基低碳示范园区，统筹利用煤层气、天然气、焦炉煤气制天然气、煤制天然气等。

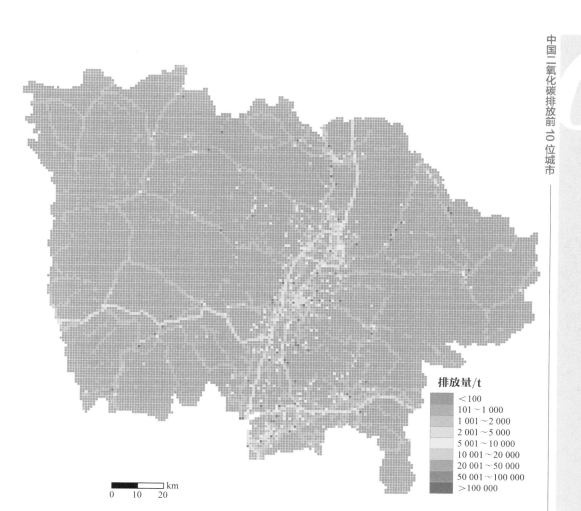

排放量/t

<100
101~1 000
1 001~2 000
2 001~5 000
5 001~10 000
10 001~20 000
20 001~50 000
50 001~100 000
>100 000

km
0   10   20

图 6-8   临汾二氧化碳直接排放 1 km 网格

Figure 6-8   1 km resolution grid map of Linfen direct CO₂ emissions

6.2.8　苏州 Suzhou

苏州位于江苏省东南部，是长江三角洲地区的重要城市之一，2015年GDP在全国居第7位，是江苏省GDP最高的城市。苏州二氧化碳排放具有"两高两聚"的特点。

"两高"，指总排放高、地均排放高。苏州二氧化碳排放总量位居全国第8位，高于广州、杭州等经济较为发达的城市；地均排放居全国第9位。

"两聚"，指苏州有2个排放聚集部门——"工业领域"和"交通领域"。苏州是一个大型工业城市，工业能源消耗二氧化碳的占比最大，达74.15%，居江苏省第1位。苏州处于长江三角洲的交通节点，交通发达，因此交通领域的二氧化碳排放相对较高，位居全国城市第11位。

苏州排放特点里也有"两高"，与前面某些城市排放只有"高"相比，苏州有高有低（单位GDP排放低，排名处于全国城市200以外）。苏州排放高，但GDP更高。明清期间，天下赋税苏州独担其十一；改革开放之际，利用外资打造了中国排名第一的苏州工业园区，并在2015年获批成为国家低碳工业园区试点。近年来，苏州昆山、常熟、张家港、太仓四县就像一个城市群，协同化、均衡化、一体化程度极高。从图6-9的1 km网格图可以看出来，苏州的城市布局排布均衡，又有交通如锁链般串联使之成为一体。苏州排放部门虽然集中，但空间格局却相对松散，高排放网格各处分布，重点工业企业排放体量非常大，如北部的江苏沙钢集团、华润电力和江苏常熟发电厂等。

排放量/t

- ＜100
- 101～1 000
- 1 001～2 000
- 2 001～5 000
- 5 001～10 000
- 10 001～20 000
- 20 001～50 000
- 50 001～100 000
- ＞100 000

km
0　5　10

图 6-9　苏州二氧化碳直接排放 1 km 网格

Figure 6-9　1 km resolution grid map of Suzhou direct CO$_2$ emissions

6.2.9　北京 Beijing

北京是中国的首都，是全国关注的焦点，是各项工作参考的要点——二氧化碳排放工作也不例外。北京二氧化碳排放呈现"三高、差异明显"的特征。

"三高"，指总排放高、间接排放高、地均排放高。北京二氧化碳排放总量大，虽然在四大直辖市中处于最后一位，但相对于全国地级市来说仍处于较高水平，居全国第 9 位；间接排放居全国第 2 位；地均排放排名虽较总排放量排名靠后，但仍处于全国偏高的水平，排名前 15%。

"差异明显"，指部门排放差异明显。从北京排放结构看，工业部门能源消费和间接排放是主要排放源，居民生活、服务业、农业、工业过程等方面排放占比较低。工业能源排放占比 35.89%，其中制造业是北京主要的工业能耗行业。间接排放占比 33.15%，仅次于工业能源排放占比。2015 年，北京常住人口 2 171 万人，人口规模在全国城市中居第 3 位（同时北京还存在着数千万的流动人口），庞大的城市人口带来巨大的能源消耗。依靠本地生产、生活要素供应已不能满足巨大的能源消费，因此必须从外地输入更多的能源，因而导致了间接排放的增高。

北京交通领域的排放也占据了较大的比例，约占总排放量的 17.76%。2015 年，北京道路交通密度为 1.33 km/km^2，完成道路客运量 84.9 亿人次，交通拥堵有所加剧，交通排放规模仍然较大。

北京排放空间格局具有大都市区气象（图 6-10），以天安门为中心，向外中规中矩地扩展。这种模式本质并没有问题，体量太大可能是其主要问题。北京低碳发展在很多方面都领先并引领全国城市。碳市场建设和发展在全国领先，创建了很多成功的制度经验；严控机动车指标、执行新油品标准、发展共享单车等举措都为国内大多数城市的发展及二氧化碳减排工作提供了可以借鉴的经验。事实上，北京市的低碳发展对全国城市有着非常显著的引领和示范作用。

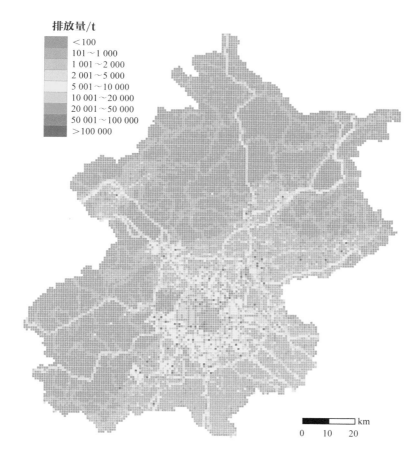

排放量/t

<100
101~1 000
1 001~2 000
2 001~5 000
5 001~10 000
10 001~20 000
20 001~50 000
50 001~100 000
>100 000

km
0   10   20

图 6-10　北京二氧化碳直接排放 1 km 网格

Figure 6-10　1 km resolution grid map of Beijing direct CO$_2$ emissions

6.2.10 宁波 Ningbo

宁波的二氧化碳排放呈现"三高一聚"的特点。

"三高"，指总排放高、人均排放高、地均排放高。宁波二氧化碳排放总量大，在浙江省内位居首位，在全国地级市中居第 10 位；人均二氧化碳排放相对于排放总量来说略有靠后，但仍处于全国排名前 15%；地均排放较高，居全国第 20 位。

"一聚"，指排放集中于工业领域。宁波排放结构分布不均匀，各部门之间的二氧化碳排放总量存在较大的差异。工业领域尤其是工业部门能源消费是宁波二氧化碳排放的主要来源，工业领域的二氧化碳排放占总排放的 93.72%，服务业的排放不足总排放的 1%，但相应的第三产业的 GDP 贡献却达到了 49.94%。

宁波是一个港口工业城市，有不少民营企业，排放空间格局上由图 6-11 可以看出高排放网格几乎都分布在北部沿海地区，如宁波久丰热电、中石油镇海炼化、浙能镇海发电、浙江北仑（第一、第三）发电等驱动着这一沿海地带的高排放。

上海、苏州、宁波都是长江三角洲地区的核心城市。在二氧化碳排放十大城市中，它们具有相似特征：总排放高，单位 GDP 排放相对低；第三产业排放较低而 GDP 贡献较高。也就是说，它们不只靠工业，因而未来的排放形势还算乐观——特别是有自身强大经济实力的支撑，减排工作的开展也会相对容易一些，而且这些城市有着深厚的历史文化底蕴，当地人民也不乏灵活的思维，可以探寻出更多的减排新思路，"浙商""浙江模式"就是最好的证明。

宁波的二氧化碳排放工作领域有不少亮点：建立了智慧化的监测体系；在公共交通方面，宁波还开发出了爬山线、采摘线、烧烤线、电商园区线等特色公交线路。

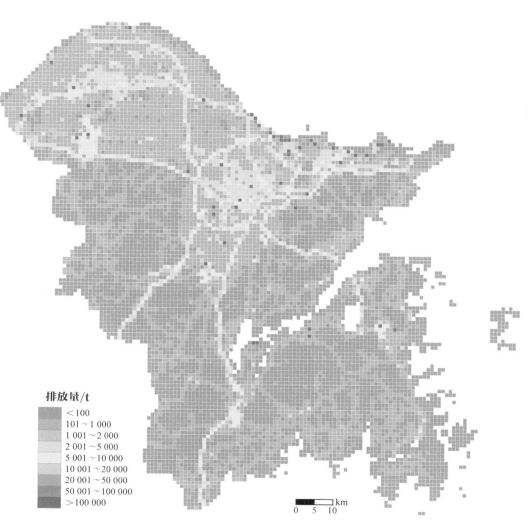

排放量/t

- < 100
- 101 ～ 1 000
- 1 001 ～ 2 000
- 2 001 ～ 5 000
- 5 001 ～ 10 000
- 10 001 ～ 20 000
- 20 001 ～ 50 000
- 50 001 ～ 100 000
- > 100 000

0   5   10 km

图 6-11   宁波二氧化碳直接排放 1 km 网格

Figure 6-11   1 km resolution grid map of Ningbo direct CO$_2$ emissions

7 中国各省（区、市）二氧化碳排放

CO₂ Emissions of Cities in Provinces

重庆　代春艳

江西新余　蔡博峰

石家庄上空飞机二氧化碳观测　姚波

中国台湾台北市　王彬墀

7.1 直辖市 Municipalities Directly under the Central Government

中国四大直辖市的二氧化碳排放量均位列全国城市二氧化碳排放的前10位，其中除北京居第9位以外，其余3个城市均位列全国前5位，且此3个城市的二氧化碳排放量均超过2亿t。

四大直辖市二氧化碳排放强度表现出不同的排位水平。其中，人均排放平均水平低于全国平均水平，位居全国第60~90位的城市有2个（上海、天津）、位居全国第150~180位的城市有2个（重庆、北京）；单位GDP排放均较低，位于全国排名第180位以后，北京甚至排名第271位；地均排放排名除重庆外，其他3个城市排名均在全国前50位，其中上海排名第1位。

工业领域排放是四大直辖市二氧化碳排放的主要来源，平均占总排放量的63.24%，其中重庆和天津达到70%以上，表明这2个城市的排放源结构相对单一，仍以工业排放为主；上海工业领域排放量也超过总排放量的50%以上；北京工业领域排放量仅占排放总量的37.28%。

四大直辖市间接排放占总排放的17.46%。其中，北京间接排放占排放总量的33.15%，上海为24.79%，重庆和天津间接排放的总量和比例与北京和上海相差较大。北京和上海的交通领域均占各自城市排放总量的10%以上，天津交通领域排放所占比重最少，仅为7.4%。

四大直辖市中，重庆人口体量最大，甚至达到天津人口的2倍，也正是由于大体量的人口，使重庆人均排放量低于其他城市。尽管北京和上海人口体量相当，但北京人均排放显著低于上海。

工业领域排放说明了这几个城市的经济发展水平，间接排放和交通领域排放则侧面说明了城市人口规模及活跃程度，这4个城市确实当得起其直辖市的地位。图7-1很好地显示出四大直辖市的城市排放特征。

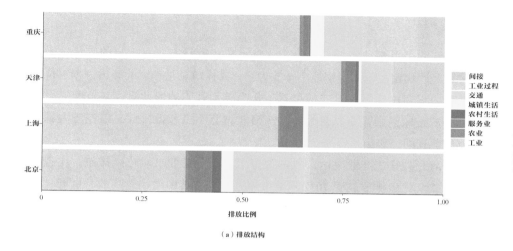

（a）排放结构

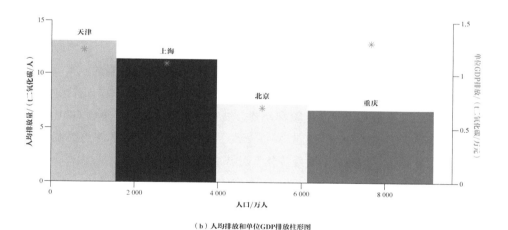

（b）人均排放和单位GDP排放柱形图

图 7-1　四大直辖市的城市排放特征

Figure 7-1　Emissions characteristics of four municipalities

注：（b）图中，柱形高度（左 *Y* 轴）代表人均二氧化碳排放，柱形宽度代表人口；柱形颜色越深，代表城
市排放总量越高；红色"＊"形（右 *Y* 轴）代表单位 GDP 二氧化碳排放。

Note: Above is the emission structure; below are the city emissions per capita and per unit of GDP (bar chart). Column height
(left *Y* axis) represents per capita emissions, and column width represents population. The deeper the column color, the
higher the total emissions. The red "*" (right *Y*-axis) represents emissions per unit of GDP.

7.2　河北 Hebei

　　河北是首都北京的"后院"，二者在排放量方面有一定的继承关系。特别是唐山市，因为首钢这个排放大户，其排放总量在河北省内占据首位，在国内城市中也稳居第二的位置。作为首都外围的河北省，环首都二氧化碳排放带勉勉强强可以拼起来——河北省有不少城市排放总量在国内都是位居前列的，唐山市位居全国第二。

　　河北省第二产业发达，省内大多数城市的工业二氧化碳排放占比也较大，二氧化碳排放高于 70% 的城市超过半数，其中占比最高的是邯郸（高达 91.90%）。河北省一半以上的城市二氧化碳排放总量位于全国所有城市二氧化碳排放总量排序的前 30%。

　　河北省二氧化碳排放总量位居前三的是唐山（全国排放总量排名第 2 位）、石家庄和邯郸；排放量总量最低的是邢台、秦皇岛和衡水。各地级市中人均排放量最大的唐山（26.44 t/ 人）是排放最少的衡水（4.35 t/ 人）的 6 倍。从城市排放源的结构来看，邯郸的排放源结构单一，工业领域排放更为明显；而廊坊和衡水工业领域的排放量不足该市排放总量的一半。

　　河北城市人均排放水平呈现 3 个阶梯，以唐山为最高，张家口、石家庄、承德、邯郸和秦皇岛为第二个阶梯，其余城市为第三个阶梯。单位 GDP 排放水平与人均排放水平变化趋势并不一致，其中以张家口、邯郸为最高，唐山则位居第三，这充分表明经济体量对城市排放的影响。

　　在空气质量差的城市榜单上，河北省的多个城市几乎从不缺席。河北省为此实施了多项举措节能减排，力争改变这一局面，其中很多措施对二氧化碳具有显著的协同减排作用。邢台是河北的历史名城，计划经济时期有邢钢，由于工业布局不合理，加上改革开放对计划经济的冲击，其经济有所衰退。长期以来，邢台的工业企业依城而建，对市区形成了合围之势，加上地势和风速条件不好——邢台处于太行山前凹槽地带，平均海拔仅 60 m，比石家庄和邯郸平均低 20 m，易形成逆温层，尽管人均排放和总排放在河北的城市中并不显著，但空气质量形势严峻，未来加强温室气体和大气污染物协同治理势在必行。

　　河北的城市排放特征如图 7-2 所示。

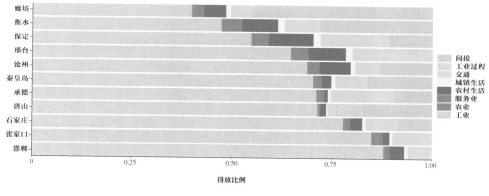

（a）排放结构

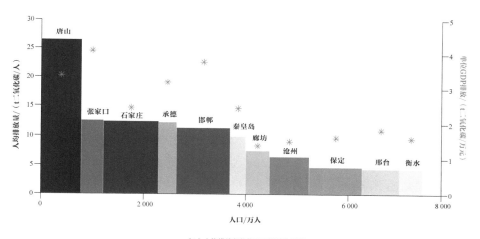

（b）人均排放和单位GDP排放柱形图

图7-2　河北的城市排放特征

Figure 7-2　City emissions of Hebei

注：（b）图中，柱形高度（左 Y 轴）代表人均二氧化碳排放，柱形宽度代表人口；柱形颜色越深，代表城
市排放总量越高；红色"*"形（右 Y 轴）代表单位 GDP 二氧化碳排放。

Note: Above is the emission structure; below are the city emissions per capita and per unit of GDP (bar chart). Column height
(left Y axis) represents per capita emissions, and column width represents population. The deeper the column color, the
higher the total emissions. The red "*" (right Y-axis) represents emissions per unit of GDP.

7.3 山西 Shanxi

山西省是中国的煤炭大省，煤炭对于排放形势的影响处处可见。煤炭、冶金等重工业是山西省的主要产业。省内 11 个城市中，工业排放占二氧化碳排放总量之比超过 85% 的城市有 9 个，其中有 5 个超过 90%，表明第二产业是山西省城市二氧化碳排放的直接因素。

山西省的城市间接排放呈现两种不同的特点，即要么比重相对较高，要么无间接排放，如运城间接排放占排放总量的 14.52%，而晋城、忻州、长治、晋中、大同、朔州以及临汾 7 个城市的间接排放为零。交通排放在城市整个排放总量中也占有一定的比例。

山西 11 个城市的二氧化碳排放总量也存在差异。其中，排放总量最多的是临汾（全国城市排放总量排名第 7 位），最少的是晋城，两者相差有 7.48 倍之多。城市人均排放水平差异也较大，临汾人均排放量最大，为 37.40 t/ 人，吕梁人均排放水平最低，为 6.20 t/ 人。单位 GDP 排放最高的仍为临汾，是单位 GDP 排放最低的晋城的 6.70 倍。

大多数城市存在第二产业占 GDP 比重与相应的二氧化碳排放量占二氧化碳总排放的比重不匹配的情况，如工业排放总量占总排放量的比例超过 90% 的 5 个城市（临汾、朔州、大同、太原和晋中）中，其相应的第二产业占 GDP 的比重均不足 50%，第二产业对 GDP 的贡献明显小于对二氧化碳排放总量的贡献。

晋城作为第二批低碳城市试点，大力实施了"气化晋城"和"六个一"两个低碳示范工程，在减少排放方面颇见成效。晋城依靠其丰富的煤层气资源进行燃料替代，主城区和各县（市、区）基本实现煤层气管网全覆盖，居民气化率达 90%，在主要工业园区实现气化率 30%。晋城的排放总量是山西最低的，人均排放则是倒数第二。

山西的城市排放特征如图 7-3 所示。

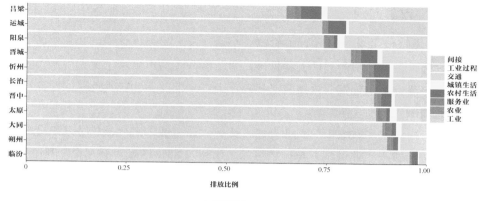

（a）排放结构

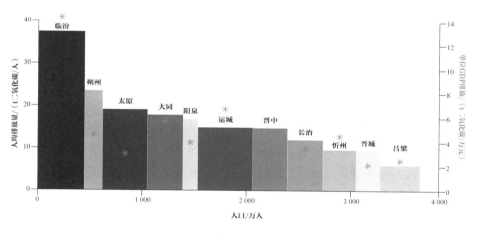

（b）人均排放和单位GDP排放柱形图

图7-3　山西的城市排放特征

Figure 7-3　City emissions of Shanxi

注：（b）图中，柱形高度（左 Y 轴）代表人均二氧化碳排放，柱形宽度代表人口；柱形颜色越深，代表城市排放总量越高；红色"*"形（右 Y 轴）代表单位 GDP 二氧化碳排放。

Note: Above is the emission structure; below are the city emissions per capita and per unit of GDP (bar chart). Column height (left Y axis) represents per capita emissions, and column width represents population. The deeper the column color, the higher the total emissions. The red "*" (right Y-axis) represents emissions per unit of GDP.

7.4 内蒙古 Inner Mongolia

内蒙古自治区是中国面积最大的省（区）级单位之一，其人口数量排名较低，是典型的地广人稀地区。自治区内各城市集中了大量资源，排放水平受此影响较深。内蒙古又横跨东北、华北、西北三大地区，因此也导致城市间排放差异显著。

内蒙古多数城市的工业排放占比较大。工业二氧化碳排放（工业部门能源消费＋工业过程）与排放总量之比超过 80% 的城市有 9 个，其中有 2 个超过 90%（乌海、鄂尔多斯）。城市间接排放呈现 2 种不同的特点，即要么比重相对较高，要么无间接排放，如包头间接排放占该市排放总量的 12.78%，其他城市除鄂尔多斯以外间接排放均为零。巴彦淖尔和呼和浩特的服务业排放量占该市排放总量的 7% 以上。

乌海和鄂尔多斯 2 个城市的人均排放量最高，为其他城市的 2 倍及以上，其他城市人均排放量水平相当，最低的是巴彦淖尔。这与城市人口体量密切相关，如乌海人口为其他城市的几分之一，因此人均排放量相对较高；赤峰人口体量在内蒙古城市中最大，其人均排放量排名倒数第 2 位。

排放总量最高的鄂尔多斯是排放量最低的巴彦淖尔的 7.30 倍。城市间的排放差异还有一个特点是"不匹配"，如乌海人均排放位居全区前列，但总排放量位居全区中下游。内蒙古单位 GDP 排放和排放总量的关系也不显著，鄂尔多斯排放总量是自治区第一，但排放强度位于自治区下游。

呼和浩特在蒙语里的意思是"青色的城"。蓝天白云，青山绿水，最普通常见的词汇，也是形容呼和浩特最贴切的词汇。在减碳工作方面，呼和浩特正在大力推进水电、风电、光电等清洁能源。

内蒙古的城市排放特征如图 7-4 所示。

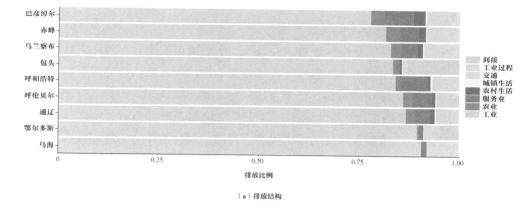

（a）排放结构

（b）人均排放和单位GDP排放柱形图

图 7-4　内蒙古的城市排放特征

Figure 7-4　City emissions of Inner Mongolia

注：（b）图中，柱形高度（左 Y 轴）代表人均二氧化碳排放，柱形宽度代表人口；柱形颜色越深，代表城
　　市排放总量越高；红色"＊"形（右 Y 轴）代表单位 GDP 二氧化碳排放。

Note: Above is the emission structure; below are the city emissions per capita and per unit of GDP (bar chart). Column height
(left Y axis) represents per capita emissions, and column width represents population. The deeper the column color, the
higher the total emissions. The red "*" (right Y-axis) represents emissions per unit of GDP.

7.5　辽宁 Liaoning

　　辽宁省是中国重要的传统重工业基地，多数城市的工业二氧化碳排放（工业部门能源消费＋工业过程）占比较大。除沈阳、鞍山外，所有城市的工业排放占比均超过 70%，抚顺占比则高达 94%。沈阳、大连、盘锦、抚顺、鞍山 5 个城市均处于全国排放总量排名 50 位左右。

　　辽宁的中小城市人均排放量明显高于排放总量全省第一的沈阳（人均排放量位居倒数第三），这是由于小型城市大部分产业结构为工业，产业类型相对单一。大规模的工业发展以及较小的人口规模是导致人均二氧化碳排放量较高的主要原因。

　　辽宁的城市中盘锦的人均排放量最高，几乎为所有城市（除抚顺）的 2 倍及以上，丹东人均排放最低。单位 GDP 排放中，除铁岭、阜新、葫芦岛和朝阳以外，其他城市的相对变化趋势与人均排放基本类似，上述 4 个城市主要由于其城市产业结构和经济产出能力相对较弱，导致其单位 GDP 排放整体高于其他城市。

　　东北重工业基地在新中国成立之后的较长一段时间内为国家的经济发展做出了重要贡献。到 20 世纪末，在改革开放大潮下，东北却衰落了。跨入新世纪，国家提出重振东北。如何重振？不能亦步亦趋，要借助新形势、新技术、新制度，节能、减排、低碳就是新形势。

　　随着赵本山的大红大紫，东北二人转也借助春晚逐渐在全国各地扩大了影响，刘老根大舞台就在北京、天津等地开拓了东三省之外的市场。如果能发挥类似的文艺作用，对经济发展、节能减排也非常有利。有山有水的发展旅游，能说会唱的发展文艺，都是可选项之一。

　　大连在辽宁乃至东三省都算是明星城市，改革开放后东北传统工业基地的地位有所衰落，但是大连仍保持了比较好的经济发展势头，这首先要归结于其良港地位。大连当前的总排放体量虽大，但人均排放和单位 GDP 排放（辽宁最低）却都很低，这说明其排放结构和低碳发展本底不错。大连的区域优势在东北比较突出，其低碳经济和低碳发展模式对于辽宁乃至整个东北有着重要的引领和示范作用。

　　辽宁的城市排放特征见图 7-5。

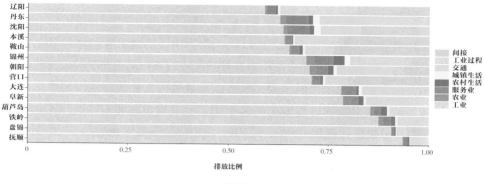

（a）排放结构

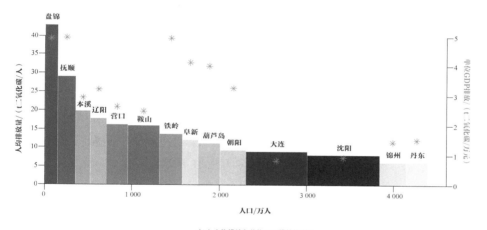

（b）人均排放和单位GDP排放柱形图

图7-5 辽宁的城市排放特征

Figure 7-5 City emissions of Liaoning

注：（b）图中，柱形高度（左Y轴）代表人均二氧化碳排放，柱形宽度代表人口；柱形颜色越深，代表城市排放总量越高；红色"*"形（右Y轴）代表单位GDP二氧化碳排放。

Note: Above is the emission structure; below are the city emissions per capita and per unit of GDP (bar chart). Column height (left Y axis) represents per capita emissions, and column width represents population. The deeper the column color, the higher the total emissions. The red "*" (right Y-axis) represents emissions per unit of GDP.

7.6 吉林 Jilin

吉林省和辽宁省同属于东北经济区，作为中国的老工业基地，重工业占很大比重，工业为主的产业结构必然导致能耗较高，从而产生较大排放。除辽源外，吉林其他城市的工业二氧化碳排放量（工业部门能源消费＋工业过程）与排放总量的比值均在 70% 以上，更有白山市和吉林市的工业排放量与总排放量的比值超过 90%，其中，白山市甚至高达 96%。

吉林省各城市人均排放量与总排放量在全省的排名大致相同，前后位序变化不显著。8 个地级市的人均排放量也呈现出 3 个阶梯式分布：第一阶梯——白山市，其人均排放量达到 24 t/ 人，是人均排放量最低的白城市的 3.89 倍；中间阶梯——吉林市，其人均排放为 15 t/ 人；第三阶梯——通化、长春、四平、辽源、松原和白城 6 个地级市，其人均排放量为 7 ～ 9 t/ 人。

吉林省的单位 GDP 二氧化碳排放与其排放总量的趋势也呈现不完全一致的现象，其中长春市排放总量全省第二，但其单位 GDP 排放量位于全省最后一名，白山市排放总量全省第三，但其单位 GDP 排放量排名第一，这与城市经济水平以及产业结构直接相关。8 个地级市的单位 GDP 排放量同样也是呈现出 3 个阶梯式分布：第一阶梯——仍然是白山市，其排放强度为 22 t/ 万元；中间阶梯——吉林市，为 14 t/ 万元；第三阶梯——通化、四平、白城、辽源、松原、长春，排放强度为 6 万～ 10 t/ 万元。

吉林市，曾经的工业型城市，经历了多年的产业结构调整之后，其粗放型的工业增长模式已经改变，现在成为其他类型城市。2016 年后，其第三产业比重超越二产，其排放总量、人均排放、单位 GDP 排放的逐年降低正是产业结构优化的成果，其发展模式可以成为吉林省其他城市的发展样板。

吉林的城市排放特征见图 7-6。

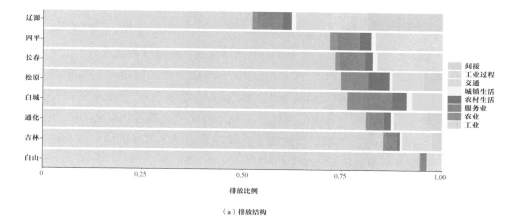

（a）排放结构

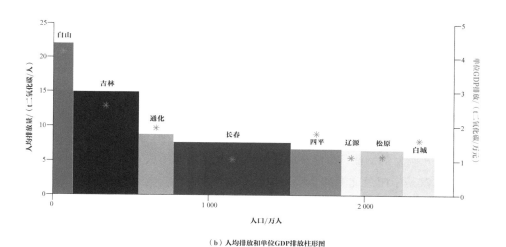

（b）人均排放和单位GDP排放柱形图

图7-6　吉林的城市排放特征

Figure 7-6　City emissions of Jilin

注：（b）图中，柱形高度（左Y轴）代表人均二氧化碳排放，柱形宽度代表人口；柱形颜色越深，代表城市排放总量越高；红色"*"形（右Y轴）代表单位GDP二氧化碳排放。

Note: Above is the emission structure; below are the city emissions per capita and per unit of GDP (bar chart). Column height (left Y axis) represents per capita emissions, and column width represents population. The deeper the column color, the higher the total emissions. The red "*" (right Y-axis) represents emissions per unit of GDP.

7.7 黑龙江 Heilongjiang

黑龙江省作为中国的工业基地，多数城市的工业排放占比较大，工业二氧化碳（工业部门能源消费＋工业过程）与排放总量之比超过 60% 的城市有 10 个，其中有 2 个城市超过 90%。绥化和黑河的工业二氧化碳排放不到该市排放总量的一半，其中，绥化的工业二氧化碳排放占比仅为 24.27%。黑龙江省各城市间的二氧化碳排放量差异显著，排名第一的哈尔滨市的排放量是排放量最少的伊春市的 8.11 倍。

黑龙江省与吉林省、辽宁省稍有区别的地方在于排放较低的城市中大部分地理位置偏北，由于气候影响，工业相对不如偏南的城市发达。另外，黑龙江省是中国重要的老工业生产基地，对低碳经济发展负有重要的使命，粮食主产区的地位和大面积原始森林的存在使黑龙江省在"低碳"方面有着相当的潜力。

黑龙江省各城市平均排放和总排放的趋势也有一定差异。人均排放量整体分为 3 个阶梯：七台河、鹤岗、大庆和双鸭山排放量相对较高，为第一阶梯；绥化排放量最低，为第三阶梯；其他 7 个城市人均排放居中，为第二阶梯。人均排放相差最大的是哈尔滨（排放总量在黑龙江省排名第 1 位，人均排放量排名第 9 位）。单位 GDP 排放分布趋势与人均排放类似，哈尔滨也表现出类似的特征，即排放总量和单位 GDP 排放呈现完全相反的排名。

哈尔滨是中国最北端的省会城市，与俄罗斯接壤，是新中国最早的工业基地之一，曾铸就过"三大动力""十大军工"的历史辉煌，同时也形成了近千万人口以重工业为主体，高能耗、高投入、高排放的粗放式发展模式。

哈尔滨经济曾经辉煌，随着计划经济的过去，哈尔滨经济也曾衰落。新世纪振兴东北，政府大搞建设，哈尔滨经济又逐渐复苏；可是扶持的力度之后，哈尔滨又有些难以为继——终究是要找一个发展的内因，工业城市的低碳转型未必不是一个重要的选择和出路。

黑龙江的城市排放特征见图 7-7。

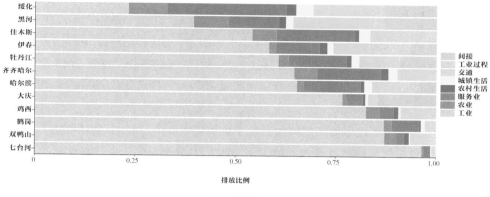

（a）排放结构

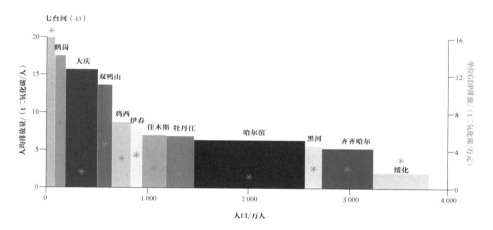

（b）人均排放和单位GDP排放柱形图

图 7-7 黑龙江的城市排放特征

Figure 7-7 City emissions of Heilongjiang

注： （b）图中，柱形高度（左 Y 轴）代表人均二氧化碳排放，柱形宽度代表人口；柱形颜色越深，代表城市排放总量越高；红色"*"形（右 Y 轴）代表单位 GDP 二氧化碳排放。七台河由于人均排放较高，所以未能完全显示。

Note: Above is the emission structure; below are the city emissions per capita and per unit of GDP (bar chart). Column height (left Y axis) represents per capita emissions, and column width represents population. The deeper the column color, the higher the total emissions. The red "*" (right Y-axis) represents emissions per unit of GDP.

7.8 江苏 Jiangsu

江苏省地处长江经济带，下辖 13 个地级市，2017 年这 13 个地级市全部进入全国百强市，是唯一所有地级市都跻身百强的省份。根据 2018 年年初发布的《中国省域经济综合竞争力发展报告》，江苏省的经济综合竞争力全国排名第一。

江苏省一半以上城市的排放量位于全国前 100 位，有 11 个城市的工业二氧化碳排放与排放总量的比值高于 70%，但宿迁市的工业二氧化碳排放为全市排放总量的 30%。宿迁市的间接排放占全市排放总量的近一半。

江苏各城市间人均排放量的排名趋势与总排放量排名趋势基本相同，未出现显著的"阶梯"现象。镇江由于其人口数量最少，所以人均排放排位居全省第一。单位 GDP 排放除徐州、淮安和连云港以外，其他城市的分布趋势基本与人均排放一致。

从江苏油田的例子可以看出江苏的经济发展与排放工作间的关系——江苏油田是国家节能中心评出的第一批"中国能效之星"之一。油田推广太阳能、地热技术，建起第一个不烧原油、不烧气的无烟油田。在油田间，随处可见白鹭悠翔、群鸟觅食。

南京在江苏省的地位颇为尴尬。江苏省在网络上被称为"大内斗省"（省内城市竞争激烈），其城市的低碳发展与其说受南京引领，某种程度上倒不如说是受上海引领。

扬州作为京杭大运河上的名城，城市的发展与运河息息相关。到了近代，铁路、公路的发展使扬州靠水运而起的地位有所下滑，虽然在江苏省内扬州经济已经不算是排名靠前的城市，但扬州在全国排名中仍然属于前列，加上丰富的历史底蕴，现在的扬州完全可以成为慢节奏的低碳宜居城市。

江苏的城市排放特征见图 7-8。

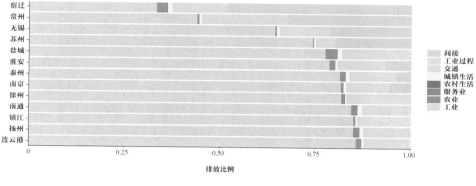

（a）排放结构

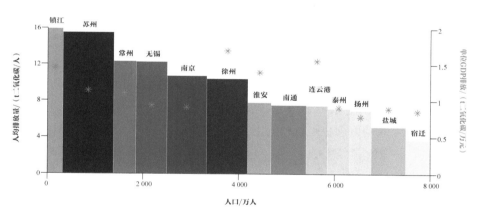

（b）人均排放和单位GDP排放柱形图

图 7-8　江苏的城市排放特征
Figure 7-8　City emissions of Jiangsu

注：（b）图中，柱形高度（左 Y 轴）代表人均二氧化碳排放，柱形宽度代表人口；柱形颜色越深，代表城市排放总量越高；红色"＊"形（右 Y 轴）代表单位 GDP 二氧化碳排放。

Note: Above is the emission structure; below are the city emissions per capita and per unit of GDP (bar chart). Column height (left Y axis) represents per capita emissions, and column width represents population. The deeper the column color, the higher the total emissions. The red "*" (right Y-axis) represents emissions per unit of GDP.

7.9 浙江 Zhejiang

浙江是中国经济最活跃的省份之一，拥有特色鲜明的"浙江经济"，截至 2013 年人均居民可支配收入连续 21 年位居中国第一。同时，浙江是中国省内经济发展程度差异最小的省份之一，杭州、宁波、绍兴、温州是浙江的四大经济支柱。浙江各城市中二氧化碳直接排放量最高的是宁波，最低的是丽水；间接排放量最高的是杭州，最低的是舟山。从排放构成来看，二氧化碳排放量最高的城市几乎始终为省内的两个副省级城市：宁波和杭州。

工业能源在城市二氧化碳总排放量中占比超过 70% 的 5 个城市为宁波（92%）、嘉兴（80%）、温州（77%）、台州（77%）、舟山（72%），这五个城市均没有间接排放。

上有天堂，下有苏杭——可见从古时起杭州便有宜居的传统了，现在杭州也是生活气息浓厚、绿色减排优秀的城市。杭州工业能源在二氧化碳总排放量中占比仅为 38%，在直接排放中占比也仅为 61%；同时，第二产业 GDP 占比也下降到了 38.89%，第三产业占比上升到了 58.24%，是浙江11 个地级市中第二产业占比最低、第三产业占比最高的城市。杭州也是一个"三无城市"，即无钢铁生产基地、无燃煤火电机组、基本无黄标车。"三无城市"这个概念也是杭州提出来的。提出这个概念，足见杭州也是用了心的，并在低碳实践方面开展了很好的工作：在共享单车还未兴起时，杭州的公共自行车系统就享誉全国了；在礼让斑马线被国家强行规定之前，杭州就已是车礼让人的城市，如今更是严格规范交通秩序，严罚违法行驶。杭州的秩序良好，路况好转，排放自然也减少。

由杭州说到京杭大运河，运河的终点其实不是杭州而是宁波，因为宁波自古以来是一个良港，其经济受惠于运河良多。改革开放之后，宁波港的区位优势得到了进一步的提升，经济发展也随之步入了"快车道"。如果说，杭州基于其省会优势，综合实力位居省内第一，那么宁波占据第二也就当仁不让了。但同时，宁波却又有些低调。事实上宁波的二氧化碳排放中，工业占比是最高的。因此，宁波率先对工业排放进行了总量管理，着重控制了石化、电力、钢铁等行业的发展规模。

浙江的城市排放特征见图 7-9。

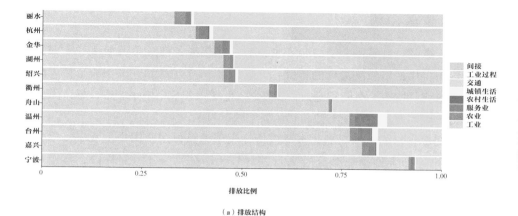

（a）排放结构

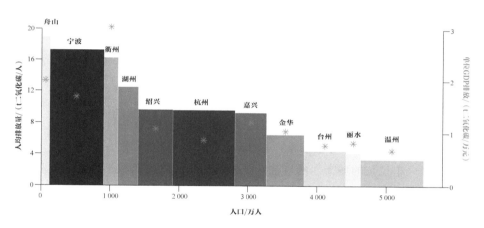

（b）人均排放和单位GDP排放柱形图

图 7-9　浙江的城市排放特征

Figure 7-9　City emissions of Zhejiang

注：（b）图中，柱形高度（左 Y 轴）代表人均二氧化碳排放，柱形宽度代表人口；柱形颜色越深，代表城市排放总量越高；红色"*"形（右 Y 轴）代表单位 GDP 二氧化碳排放。

Note: Above is the emission structure; below are the city emissions per capita and per unit of GDP (bar chart). Column height (left Y axis) represents per capita emissions, and column width represents population. The deeper the column color, the higher the total emissions. The red "*" (right Y-axis) represents emissions per unit of GDP.

7.10 安徽 Anhui

安徽省与江苏省、上海市和浙江省共同构成长江三角洲城市群，安徽为城市群中经济发展最低的省份。安徽省辖16个地级市，其中4个特大城市（合肥、宿州、阜阳和亳州）、7个大型城市和5个中小城市，城市类型相对比较均衡且以工业类型和其他类型城市为主。

安徽省辖的城市二氧化碳排放特征表现为总体居全国中上水平，单位GDP排放和人均排放强度较高且差异较大，分别介于0.5～12 t/万元和1～41 t/人。排放强度最高的城市为淮北、淮南、马鞍山和铜陵4个中小城市，主要是由于其以工业为主导产业，故而工业二氧化碳排放量非常大。特大城市和大型城市多为其他类型城市，因此碳排放总量和强度反而均很低；省会城市合肥作为工业类型的特大城市，其二氧化碳排放总量较高，位居省内第三，但其单位GDP强度却很低，位居全省倒数第三。

安徽省辖城市的二氧化碳排放的独有特征是一半城市由工业能源排放为主导，一半城市由工业过程排放为主，如单位GDP排放和人均排放均很高的工业型城市淮北、淮南和马鞍山，以及排放总量及强度均居中的蚌埠，其工业能源排放比重高达82%～97%；合肥、芜湖、铜陵、安庆、宣城和池州等城市的工业过程排放明显，高达30%～50%。

蚌埠是一座历史较短的城市，是20世纪初因修建铁路而兴建起来的，所以有"火车拉来的城市"的说法。蚌埠的传统经济也植根于铁路，但是随着合肥交通枢纽地位的兴起，蚌埠逐渐衰落，目前处于转型期。因此，蚌埠的交通排放处于较低水平，位居全省倒数第五。工业排放比重虽高，但排放总量排名仍位居安徽后列。

滁州虽为安徽的工业型大城市，但其二氧化碳排放总量及强度排名均位居省内后列。究其原因，一句"环滁皆山也"足以说明滁州的情况——环境优美，有一定的旅游资源，自然环境良好，空气质量和排放情况不错。此外，滁州也是农业大市，农作物秸秆资源非常丰富，而且十分注重秸秆禁烧和综合利用工作，并将其纳入政府目标管理绩效考核。

安徽的城市排放特征见图7-10。

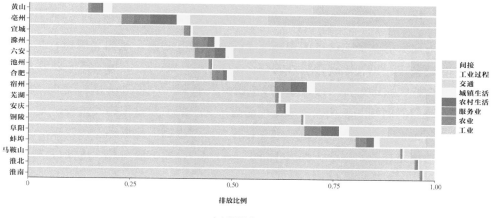

（a）排放结构

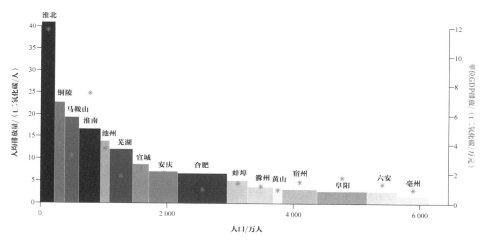

（b）人均排放和单位GDP排放柱形图

图 7-10　安徽的城市排放特征
Figure 7-10　City emissions of Anhui

注：（b）图中，柱形高度（左 *Y* 轴）代表人均二氧化碳排放，柱形宽度代表人口；柱形颜色越深，代表城市排放总量越高；红色"*"形（右 *Y* 轴）代表单位 GDP 二氧化碳排放。

Note: Above is the emission structure; below are the city emissions per capita and per unit of GDP (bar chart). Column height (left Y axis) represents per capita emissions, and column width represents population. The deeper the column color, the higher the total emissions. The red "*" (right Y-axis) represents emissions per unit of GDP.

7.11 福建 Fujian

福建省的 9 个地级市中包括 3 个特大城市（福州、泉州和漳州）和 6 个大型城市。二氧化碳直接排放介于 800 万～ 5 000 万 t，排放特征表现为以 3 个特大城市为首、总体排放居全国中上水平，单位 GDP 排放较低。泉州和厦门的间接二氧化碳排放比较明显，龙岩的工业过程排放比较明显。福建省山多平原少，各个地级市森林覆盖率都很高（如果算上林业碳汇，福建的城市排放水平会大幅度下降），福州、泉州、厦门是福建城市格局的核心，也是排放核心。

有人总结省会福州是"临海、盆地、小平原"，是一个比较封闭、偏向安逸的地方。但同时，就像"闽"字被人解读为"门外龙、门内虫"一样，福州人并不缺乏在外闯荡的勇气，更有不少远涉重洋，此风源远流长，给福州发展带来了很好的外部因素。可以说，福州是一个环境好、能拼搏、会生活的地方。正因如此，福州的低碳工作有优势、有能力、有动机。2012 年，福州加入世界低碳城市联盟，积极推进绿色低碳发展道路。2016 年，福州空气质量优良率达到了 98.6%，排名位居全国重点城市的第五，森林覆盖率达到 55.3%，在全国省会城市排名中位居第二。2017 年，与三亚、爱丁堡、艾斯堡 4 个城市一并获得"年度可持续发展低碳城市奖"。

提到厦门，大部分人想到的应该是鼓浪屿——风景优美。厦门正是一个旅游业发达的城市。21 世纪初，作为城市战略，厦门大力发展旅游业，并逐渐将其打造成为亮丽的城市名片。这一点可以与上一节中提到的滁州作对比，两个城市自然禀赋都很好，滁州的人文历史渊源还要更久一些，但因为发展力度不同，最后的结果相差也极大。厦门的单位 GDP 和人均排放均为省内最低水平。在发展低碳交通方面，厦门开通了以 439 路为例的纯电动社区公交线路，打造了全国首条高架且全程专用的快速公交线路（BRT）。

福建的城市排放特征见图 7-11。

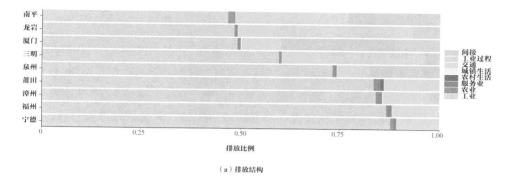

（a）排放结构

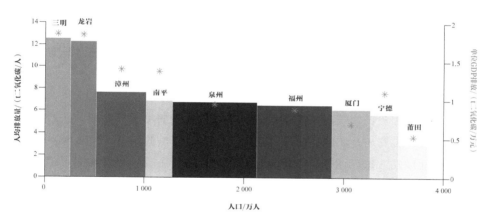

（b）人均排放和单位GDP排放柱形图

图 7-11　福建的城市排放特征

Figure 7-11　City emissions of Fujian

注：（b）图中，柱形高度（左 Y 轴）代表人均二氧化碳排放，柱形宽度代表人口；柱形颜色越深，代表城市排放总量越高；红色"＊"形（右 Y 轴）代表单位 GDP 二氧化碳排放。

Note: Above is the emission structure; below are the city emissions per capita and per unit of GDP (bar chart). Column height (left Y axis) represents per capita emissions, and column width represents population. The deeper the column color, the higher the total emissions. The red "*" (right Y-axis) represents emissions per unit of GDP.

7.12　江西 Jiangxi

江西省辖的 11 个地级市中有 4 个特大城市（南昌、宜春、上饶和赣州）、3 个大型城市和 4 个中小型城市。二氧化碳直接排放介于 800 万～4 000 万 t，宜春和九江排放量最大，总体排放位居全国中上水平，单位 GDP 排放较低，且直接排放与城市规模相关性不明显。城市间接二氧化碳排放整体较少，抚州和吉安排放强度最低。

抚州，文化气息很浓，是王安石、曾巩的家乡，宋明理学诸子多出于此，号称"才子之乡"。但如今抚州在江西省内存在感很低，也许把名字换回古时的"临川"（临川文化在唐朝声名显赫）更能吸引人气。抚州在减排方面打造了名为"绿宝"的碳普惠公共服务平台，记录注册市民的低碳生活行为数据并给予一定的"碳币"作为奖励，相应的"碳币"可以兑换一定数量的商品如电影票等，该种模式对于低碳行为在市民中的普及具有积极意义。

提起吉安，就会想到井冈山，因而给人的第一印象就是红色文化。但在江西省内细论，吉安的传统工业并不发达，新兴的电子产业却是江西招牌。此外，吉安还是江西省内、外贸仅次于省会南昌的城市。2018 年，井冈山景区成功入选江西省首批低碳旅游示范景区，主要依赖于加大了综合减排力度。吉安积极推动产业转型，电子信息产业发展迅猛，规模以上企业接近 200 余家，占据全省半壁江山，跻身国家信息工业化产业示范基地，为推动低碳经济发展奠定了良好的基础。

新余，长江中游城市群的重要成员，人均二氧化碳排放和人均 GDP 都是江西第一，万元 GDP 二氧化碳排放江西第二，可以看出经济发展对于二氧化碳的强劲驱动。新余的发展模式和新钢（新余钢铁集团有限公司）密不可分，是典型的单一工业型城市，而且人口规模小（仅 117 万人），毫不夸张地说，新钢企业效益的变化直接影响新余市内第三产业的繁荣程度。这种类型的城市在中国很多，其低碳发展对于单一一个行业的依赖非常强，低碳转型路径对于中国工业型城市有着非常重要的借鉴意义。

江西的城市排列特征见图 7-12。

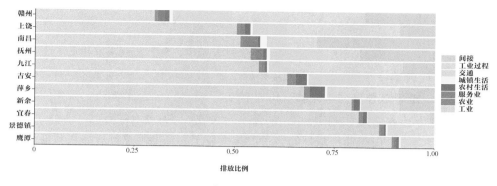

（a）排放结构

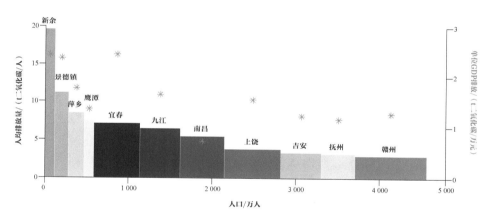

（b）人均排放和单位GDP排放柱形图

图7-12　江西的城市排放特征

Figure 7-12　City emissions of Jiangxi

注：（b）图中，柱形高度（左 Y 轴）代表人均二氧化碳排放，柱形宽度代表人口；柱形颜色越深，代表城市排放总量越高；红色"*"形（右 Y 轴）代表单位 GDP 二氧化碳排放。

Note: Above is the emission structure; below are the city emissions per capita and per unit of GDP (bar chart). Column height (left Y-axis) represents per capita emissions, and column width represents population. The deeper the column color, the higher the total emissions. The red "*" (right Y-axis) represents emissions per unit of GDP.

7.13 山东 Shandong

山东省辖的 17 个地级市中有 10 个特大城市、5 个大型城市和 2 个中小型城市。排放特征表现为工业能源排放主导、排放量和人均排放强度均较高、单位 GDP 排放强度居中。滨州和济宁为 2 个超亿 t 排放的城市，滨州同时也是山东排放强度最高的城市；间接排放较明显的城市为潍坊。

青岛，是山东经济最好的城市，其得益于其良港地位。青岛在新能源开发方面有着得天独厚的资源禀赋，加快推进新能源利用和产业推进成为其推动低碳发展的一个突破口。风能方面，青岛已被列入全国沿海风能开发区域范围内。

烟台，经济体量在山东省内仅次于青岛。在历史上的通商港口是烟台而非青岛，但从胶济铁路开通后，其良港地位被青岛取代。烟台的低碳特色体现为在建筑中大力推广应用可再生能源，全市推广太阳能与建筑一体化的面积能达到 600 多万 m^2，海水源热泵和地源热泵的推广面积达 310 万 m^2。

临沂，人均排放低得益于其人口基数大。临沂是山东人口最多的地级市（超过济南和青岛），也是山东唯一一个人口超过千万的地级市（不是实质意义的城市），但其单位 GDP 排放并不低，产业结构还有较大调整空间，未来随着公众收入和需求的增加，排放增加的压力不小。

山东的城市排放特征见图 7-13。

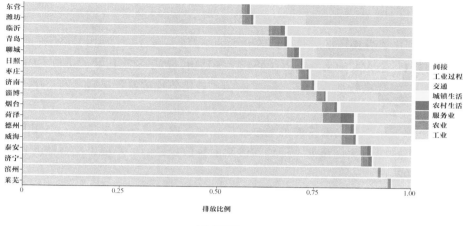

（a）排放结构

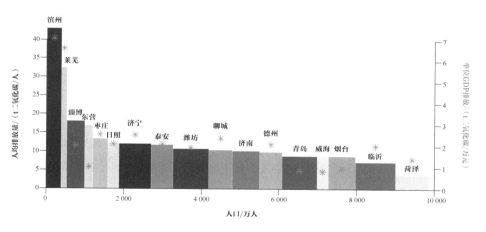

（b）人均排放和单位GDP排放柱形图

图 7-13 山东的城市排放特征

Figure 7-13 City emissions of Shandong

注：（b）图中，柱形高度（左 Y 轴）代表人均二氧化碳排放，柱形宽度代表人口；柱形颜色越深，代表城市排放总量越高；红色"*"形（右 Y 轴）代表单位 GDP 二氧化碳排放。

Note: Above is the emission structure; below are the city emissions per capita and per unit of GDP (bar chart). Column height (left Y axis) represents per capita emissions, and column width represents population. The deeper the column color, the higher the total emissions. The red "*" (right Y-axis) represents emissions per unit of GDP.

7.14   河南 Henan

河南省各城市二氧化碳排放介于 800 万～1 亿 t，平顶山、洛阳和郑州的排放量最大。中小型的工业型城市平顶山、鹤壁和三门峡的单位 GDP 和人均二氧化碳排放均较高。河南省各二氧化碳排放特征呈现"两个中上、一个主导"的特征。

第一，二氧化碳排放总量总体位居全国中上水平。平顶山、洛阳和郑州的排放量最大，漯河、周口和濮阳的排放量最小，主要以工业能源排放起主导作用。

第二，单位 GDP 二氧化碳排放和人均二氧化碳排放均位于全国中上水平。河南各城市单位 GDP 排放和人均排放分别介于 0.4～5.7 t/万元和 1～20 t，属中小型的工业型城市的鹤壁和三门峡以及大型工业城市平顶山均为河南单位 GDP 排放和人均二氧化碳排放最高的 3 个城市。

第三，河南省各城市工业排放主导明显。不仅体现在排放总量最大的城市以工业排放为主导，而且排放强度最大的 3 个城市（鹤壁、三门峡、平顶山）也是工业能源排放比例最大的城市，其占比均超过 88% 以上。

平顶山是河南省 2015 年二氧化碳排放量和单位 GDP 排放强度均最大的城市，其主要原因是平顶山是以煤资源开采、加工、使用为主的资源型城市，城市经济严重依赖煤炭，经济产值曾一度位居河南省第一。

周口与平顶山相反，不仅是河南省而且是全国单位 GDP 排放最低的城市之一，主要原因在于其基本没有工业，因此工业能耗二氧化碳排放非常低。但安钢向周口搬迁的举措将会大大改变周口的经济和环境，如何保证在安钢带动周口经济增长的同时生态环境也得以维持，顺利推进低碳发展，将是周口经济发展面临的挑战。

洛阳作为非工业型大城市，其排放量和排放强度也位居河南前列。新中国成立之初，洛阳有苏联援建的重工业；后来随着省会郑州的崛起，洛阳在省内也就不那么突出了。如今，洛阳正在积极推进低碳城市建设，其特色主要体现在新能源和绿色建筑方面，开展了包括市区内所有新建建筑在内的"清洁能源综合利用示范项目"和以市区内光电、风电为主的"光伏太阳能发展试点项目"。

河南的城市排放特征见图 7-14。

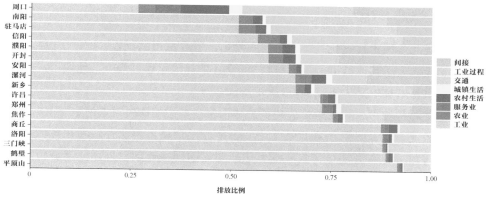

（a）排放结构

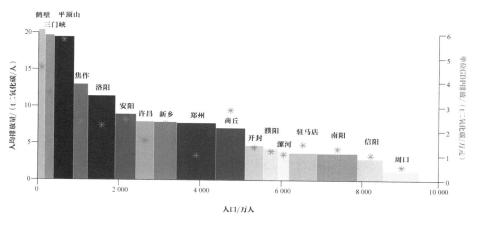

（b）人均排放和单位GDP排放柱形图

图 7-14　河南的城市排放特征
Figure 7-14　City emissions of Henan

注：（b）图中，柱形高度（左 Y 轴）代表人均二氧化碳排放，柱形宽度代表人口；柱形颜色越深，代表城市排放总量越高；红色"＊"形（右 Y 轴）代表单位 GDP 二氧化碳排放。

Note: Above is the emission structure; below are the city emissions per capita and per unit of GDP (bar chart). Column height (left Y axis) represents per capita emissions, and column width represents population. The deeper the column color, the higher the total emissions. The red "*" (right Y-axis) represents emissions per unit of GDP.

7.15 湖北 Hubei

湖北各城市二氧化碳排放分布不均衡，省会城市武汉以 8 000 万 t 排放量遥遥领先于其他城市，随州则以 300 万 t 的排放量远远低于其他城市，其余城市基本集中于 1 000 万～ 3 000 万 t。

湖北各城市二氧化碳排放特征整体而言，单位 GDP 排放较低，但人均排放较高，尤其是鄂州和黄石 2 个中小型的工业城市。此外，湖北各城市间接排放分化特征明显，除武汉有比较明显的间接排放以外，一半城市显现出向省外提供电力的情况，其余城市表现出微小的间接排放。湖北二氧化碳排放的第三个特征是排放来源相对多样化，尤其是随州、荆州、黄冈和十堰等其他类型城市，其交通排放、间接排放、服务排放等来源也占有很大比重。

湖北省会城市武汉及工业型特大城市之一的襄阳，其排放总量虽然较大，但单位 GDP 排放强度相对较低，这与其低碳城市建设工作的积极开展是分不开的。

2015 年，武汉市园博园利用垃圾填埋场生态修复项目获得 C40 城市气候领袖群第三届城市奖，是武汉应对气候变化领域获得的重要国家奖项。武汉大力发展风电和光伏发电，建成了湖北龙源黄陂刘家山风电场项目、国电黄陂云雾山风电场项目。武汉还积极推进建筑低碳和绿色公共交通，低能耗建筑节能设计标准执行率达到 100%。

襄阳是湖北的历史文化名城，也是湖北经济体量第二的城市，交通也较为发达，属于区域级路网枢纽。工业方面原以汽车工业为主，后被农产品加工业超越。作为国家第三批餐厨废弃物无害化处理和资源化利用试点城市，垃圾处理的"襄阳模式"正成为绿色低碳襄阳的新名片；襄阳作为华润电力在华中地区的中心，围绕风电、分布式能源、燃机等清洁能源发展，积极推动可再生能源发展；襄阳还积极推进"一城、两带、三网、四区、七廊"生态体系建设，人居环境显著提升，森林覆盖率和公园绿化率等指标均达到湖北森林城市标准。

湖北的城市排放特征见图 7-15。

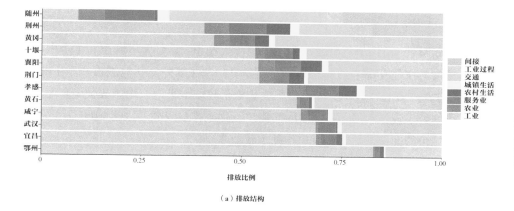

（a）排放结构

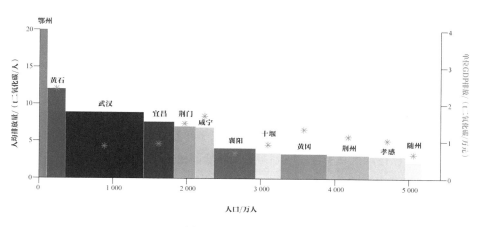

（b）人均排放和单位GDP排放柱形图

图 7-15　湖北的城市排放特征
Figure 7-15　City emissions of Hubei

注：（b）图中，柱形高度（左 Y 轴）代表人均二氧化碳排放，柱形宽度代表人口；柱形颜色越深，代表城
市排放总量越高；红色"*"形（右 Y 轴）代表单位 GDP 二氧化碳排放。

Note: Above is the emission structure; below are the city emissions per capita and per unit of GDP (bar chart). Column height
(left Y axis) represents per capita emissions, and column width represents population. The deeper the column color, the
higher the total emissions. The red "*" (right Y-axis) represents emissions per unit of GDP.

7.16　湖南 Hunan

　　湖南省辖的 13 个地级市中有 6 个特大城市、6 个大型城市和 1 个中小型城市。二氧化碳直接排放除张家界为 350 万 t 以外，其他城市介于 1 000 万～ 3 000 万 t。单位 GDP 排放强度均处于较低水平，人均排放强度除湘潭外也均处于较低水平。除长沙的间接二氧化碳排放较高，达到 1 055 万 t 外，其他城市的间接二氧化碳排放均处于较低水平。

　　长沙在华中区域的经济虽略逊于武汉，但是在湖南省内可以算是一枝独秀，有人评价"长沙就是半个湖南"，即使"长株潭一体化"，长沙依然是湖南最抢眼的城市。长沙在没有传统工业基地基础和技术支持的条件下，发展出了相当强的工业，人们耳熟能详的三一重工、中联重科就是个中翘楚。在文化方面，长沙也极为突出，湖南电视台作为年轻人心目中的"芒果"台，已经是综艺圣地一般的地位。长沙 2017 年入围第三批国家低碳试点城市，并因地制宜地推进试点任务：在宏观层面，将创新"低碳发展引领下生态文明建设相关试点三协同推进机制"，包括以联席会议机制为主要内容的"管理协同"、以大数据平台为重要载体的"数据协同"和以各试点重大项目排放评价为前置条件的"项目协同"；在微观层面，将创新"碳积分制度"来推进全社会的低碳行动。在低碳平台建设方面，长沙建立了中国首家低碳技术交易平台——湖南省国际低碳技术交易中心。

　　株洲在湖南省属于一个比较小的城市，由于其距离长沙较近，湖南省得益于"长株潭一体化"的政策，将其定位为长沙的补充。它的工业特色是服装业，也是中国十大服饰批发市场之一。服装批发行业属服务业，排放强度较低，跟株洲排放强度居于全国末 10 位可能不无关系。株洲 2017 年入选国家第三批低碳试点城市，主要试点内容为推进城区老工业基地城市低碳转型，创建城市低碳智能交通体系。

　　湖南的城市排放特征见图 7-16。

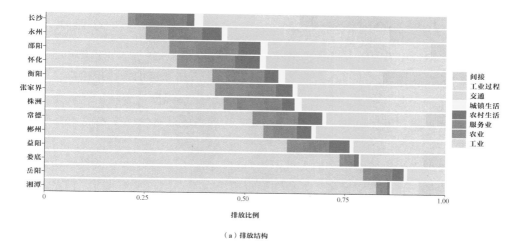

（a）排放结构

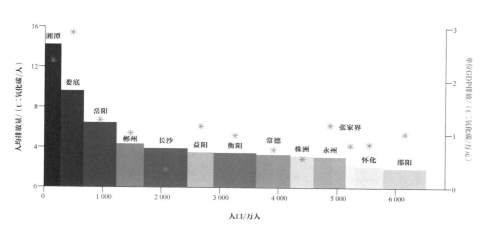

（b）人均排放和单位GDP排放柱形图

图 7-16　湖南的城市排放特征

Figure 7-16　City emissions of Hunan

注：（b）图中，柱形高度（左 Y 轴）代表人均二氧化碳排放，柱形宽度代表人口；柱形颜色越深，代表城市排放总量越高；红色 "*" 形（右 Y 轴）代表单位 GDP 二氧化碳排放。

Note: Above is the emission structure; below are the city emissions per capita and per unit of GDP (bar chart). Column height (left Y-axis) represents per capita emissions, and column width represents population. The deeper the column color, the higher the total emissions. The red "*" (right Y-axis) represents emissions per unit of GDP.

7.17 广东 Guangdong

广东省作为中国人口最多和经济总量最大的省份之一，人均 GDP 已达到中等发达国家水平。作为服务型超大城市，广州和深圳均体现出高二氧化碳排放总量、低人均排放量和低单位 GDP 排放强度的特征，尤其是深圳更为明显，其人均排放量和单位 GDP 排放强度只有全国平均的 46% 和 17%。

深圳作为中国最年轻的大城市，是京、沪、广、深这些一线城市中最有特点的一个，历史最短，人口和经济规模也不在同一水平线上，但是却依靠地理优势和政策优势创造出难以匹敌的发展速度。随着浦东的开发和苏南地区的迅速崛起，深圳曾受到了很大的挑战。但深圳始终保持着低人均排放、高人均 GDP 和低单位 GDP 排放的优势，在国内城市低碳发展进程上处于领先地位，其发展历程和特点值得深入研究和挖掘。

佛山市在广东省经济总量排名第三，仅次于广州和深圳，主要是以民营经济为主，且集中在陶瓷、家电、纺织服装、家居制品、塑料制品等消费品领域（深圳主要是高新技术产业）。

中山市在广东省经济总量排名中也比较靠前，其在碳标签认证、低碳社区示范、碳普惠推广等方面的工作出色。在企业和市民中推广低碳建设是中山市低碳工作的主要部分。中山市主要采用两种模式推广分布式光伏发电站：一是建设建筑物屋顶电站，包括利用大型公共建筑屋顶集成；二是建设地面光伏电站，可以与农业种植大棚、水产养殖大棚、污水处理厂、公路和铁路场站等建设项目结合搭建。

广东的城市排放特征见图 7-17。

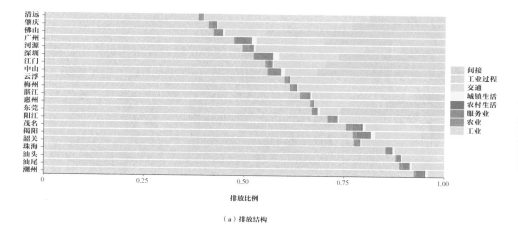

（a）排放结构

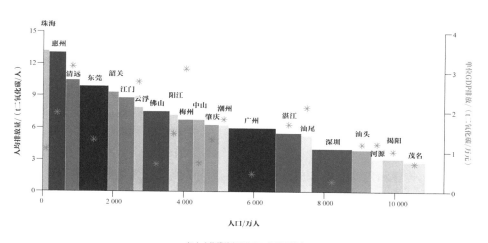

（b）人均排放和单位GDP排放柱形图

图 7-17　广东的城市排放特征

Figure 7-17　City emissions of Guangdong

注：（b）图中，柱形高度（左 Y 轴）代表人均二氧化碳排放，柱形宽度代表人口；柱形颜色越深，代表城市排放总量越高；红色"*"形（右 Y 轴）代表单位 GDP 二氧化碳排放。

Note: Above is the emission structure; below are the city emissions per capita and per unit of GDP (bar chart). Column height (left Y axis) represents per capita emissions, and column width represents population. The deeper the column color, the higher the total emissions. The red "*" (right Y-axis) represents emissions per unit of GDP.

7.18　广西 Guangxi

广西地处华南地区，与广东省和海南省联手建设北部湾城市群，深化中国 - 东盟战略建成蓝色海湾城市群。广西有一半以上的城市工业能源二氧化碳排放分别占二氧化碳排放总量的 50% 以上。钦州作为依靠工业发展的城市，其工业排放的二氧化碳占该市二氧化碳排放总量的 90% 以上，道路和交通的排放量只占总排放量的 1%。防城港和贺州位居第二和第三，工业部门能源消费二氧化碳排放均占总排放量的 70%，工业过程排放的二氧化碳含量次之。

南宁是自治区首府，由于城市植被覆盖率较高，也被称为"绿城"还有就是水果一年四季供应不间断，品种甚多，也被誉为"吃货"圣地；也有人称南宁为"电单车之城"，也叫"摩托车之城"。南宁对"低碳"的追求由来已久，从 20 世纪 90 年代创建"中国绿城"开始，到获得"迪拜国际改善居住环境良好范例奖""中国人居环境奖""联合国人居奖"等。南宁一条条以制糖、化工、养殖为重点的循环经济生态链颇具特色。制糖业是广西历史悠久的特色支柱产业，19 世纪的广西普遍是用手工方法榨制土糖，20 世纪 30 年代以后，广西制糖业才开始逐步走上现代化之路，到 90 年代末已初步形成了以大中型糖厂为主、小型糖厂为辅的现代化布局，奠定了广西在全国重点制糖业生产基地的地位。21 世纪，针对低碳主题，广西提出构建和延伸制糖等重点行业循环经济产业链、强化产业链间耦合连接的思路。加快推进蔗糖产业的自动化、信息化、低碳化和高科技产业化。

北海是古代"海上丝绸之路"的重要始发港，是国家历史文化名城、广西北部湾经济区的重要组成城市。北海的区位优势突出，处于泛北部湾经济合作区域结合部的中心位置，是中国西部唯一同时拥有深水海港、全天候机场、高速铁路和高速公路的城市。考虑到北部湾发展潜力巨大和北海的地理中心位置，交通领域排放不容小视。

广西的城市排放特征见图 7-18。

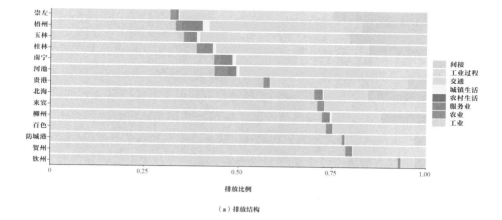

（a）排放结构

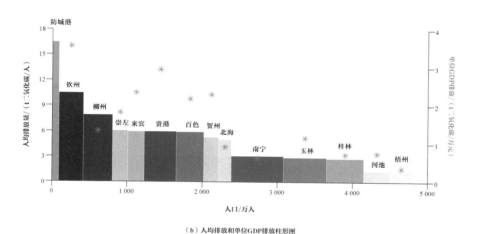

（b）人均排放和单位GDP排放柱形图

图7-18 广西的城市排放特征

Figure 7-18 City emissions of Guangxi

注：（b）图中，柱形高度（左 Y 轴）代表人均二氧化碳排放，柱形宽度代表人口；柱形颜色越深，代表城市排放总量越高；红色"*"形（右 Y 轴）代表单位 GDP 二氧化碳排放。

Note: Above is the emission structure; below are the city emissions per capita and per unit of GDP (bar chart). Column height (left Y axis) represents per capita emissions, and column width represents population. The deeper the column color, the higher the total emissions. The red "*" (right Y-axis) represents emissions per unit of GDP.

7.19　四川 Sichuan

四川省的内江、攀枝花和宜宾依靠煤炭发展起来的城市，其工业部门能源消费排放的二氧化碳高达 70% 以上，分别为 82%、81% 和 70%。成都作为准一线城市，工业部门能源消费排放比例远低于全省平均水平。

成都作为天府之国四川的省会，在中国西南部是经济最强的城市。川菜、宜居城市都已成为成都的城市名片，其经济水平和服务业都比较发达。成都借助巴黎气候大会、中美气候峰会等重要平台在国际舞台积极发声，宣传其低碳发展实践，并成功举办了首届联合国人居署城市可持续发展高层论坛，发布城市可持续发展《成都宣言》，入选首批"国际可持续发展试点城市"。成都地理格局特殊，距离长三角、珠江三角洲、京津冀都比较远，在四川一家独大，这本身就意味着附近基本没有城市与其争夺资源，加上相对封闭的地理格局，相信成都能走出一条非常独特的低碳发展之路。

攀枝花是四川人均二氧化碳排放最高的城市。这座城市是在攀枝花钢铁厂的基础上建立起来的。在 20 世纪 60 年代中国西部大三线建设中，攀钢（攀钢集团有限公司）奠定了西部钢铁工业的基础，也为攀枝花工业城市的形成立下汗马功劳。作为典型的工业城市，工业对攀枝花的 GDP 贡献率超过 70%。火力发电、钢铁生产在为攀枝花经济社会发展做出贡献的同时，也对攀枝花的生态环境造成了严重破坏。在低碳转型中，攀枝花紧密依靠其独特的地理条件，过境水流量达 1 100 多亿 m^3，日照时数 2 700 余 h，境内蕴藏了巨大的风、光、水能资源，在开发利用清洁能源等领域具备较强的产业优势。到"十二五"末，攀枝花水电、风电、光伏发电齐发力，正式被国家能源局列入创建新能源示范城市名单，基本形成了以水电为支柱，火电为支撑，风电、太阳能光伏发电、垃圾发电为补充，沼气能、天然气、太阳能光热应用全面突破的能源发展格局。

四川的城市减排特征见图 7-19。

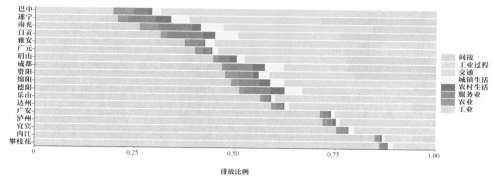

（a）排放结构

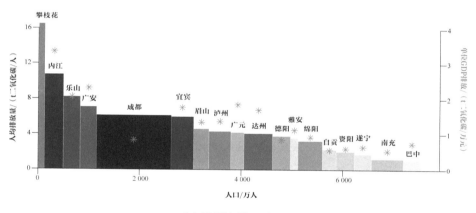

（b）人均排放和单位GDP排放柱形图

图 7-19　四川的城市排放特征

Figure 7-19　City emissions of Sichuan

注：（b）图中，柱形高度（左 Y 轴）代表人均二氧化碳排放，柱形宽度代表人口；柱形颜色越深，代表城市排放总量越高；红色"*"形（右 Y 轴）代表单位 GDP 二氧化碳排放。攀枝花由于人均排放较高（36 t/人），所以未能全部显示。

Note: Above is the emission structure; below are the city emissions per capita and per unit of GDP (bar chart). Column height (left Y axis) represents per capita emissions, and column width represents population. The deeper the column color, the higher the total emissions. The red "*" (right Y-axis) represents emissions per unit of GDP.

7.20 贵州 Guizhou

贵州省煤炭储量大，煤种齐全、煤质优良，素有"江南煤海"之称。"一带一路"、长江经济带、珠江—西江经济带和西部大开发等国家发展战略为贵州的城市发展带来了新机遇。六盘水和毕节作为贵州省煤炭工业最发达的城市，其工业能源消费的二氧化碳排放量最大，分别占该市二氧化碳排放总量的 84% 和 70% 以上。随着贵州省第三产业的发展，贵阳和遵义凭借丰富的旅游资源快速发展，其服务业能源消费二氧化碳排放居全省最高，分别达 25% 和 17% 以上。

贵州底子薄，工业、农业都没有优势，许多发展模式都是向相邻省份（如四川、重庆、湖南）学习而来的。以贵阳为例，成都发展互联网行业，贵阳就跟着发展大数据。另外也少不了旅游业。旅游业和服务业那是要走低碳道路的。由于贵阳可以算是整个贵州旅游的中转要地，旅游业发展带来的交通排放需要关注。贵阳通过举办生态文明贵阳国际论坛等重大会展活动，使会展综合经济效益年均增长 30% 以上。

遵义的发展模式也与重庆相似。二者不仅地理位置相邻，而且在历史上遵义就偏向川渝文化。遵义是中国革命五大圣地之一，并有着良好的自然条件，有发展旅游业的基础。因此，贵阳和遵义都有望在低碳发展的道路上逐步走出适合自身的发展模式。遵义大力发展轻型化产业，重点发展以烟酒茶药食品加工为重点的轻工业，轻工业产值在工业产值的比重提高到了 65% 以上，实现了结构性减排。

贵州的城市减排特征见图 7-20。

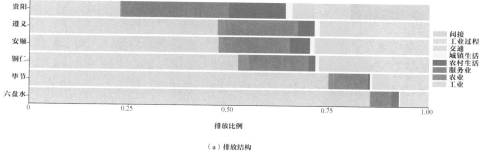

（a）排放结构

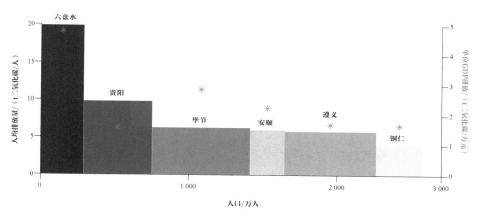

（b）人均排放和单位GDP排放柱形图

图 7-20 贵州的城市排放特征

Figure 7-20　City emissions of Guizhou

注：（b）图中，柱形高度（左 Y 轴）代表人均二氧化碳排放，柱形宽度代表人口；柱形颜色越深，代表城市排放总量越高；红色"＊"形（右 Y 轴）代表单位 GDP 二氧化碳排放。

Note: Above is the emission structure; below are the city emissions per capita and per unit of GDP s (bar chart). Column height (left Y axis) represents per capita emissions, and column width represents population. The deeper the column color, the higher the total emissions. The red "*" (right Y-axis) represents emissions per unit of GDP.

7.21 云南 Yunnan

云南省地处中国西南边陲，属于典型的山地高原地形，人均二氧化碳排放低于全国平均水平，主要是因为其社会经济发展水平较低，人均能源消耗量较低。曲靖工业部门能源消费二氧化碳排放占比最大，占该市二氧化碳排放总量的 77% 以上，这是由于曲靖煤炭储量大，煤炭为该市的主要支柱产业。玉溪和昆明的工业部门能源消费二氧化碳排放紧随其后，占比分别为 50% 和 45%。

昆明被誉为"春城"，有"五百里滇池"，有西南联大……知名度还是很高的。就 2016 年的数据显示，昆明的 GDP 增速（8.5%）并不高（贵阳为 10.8%），但就其二氧化碳排放而言，基于发达的旅游业，昆明未来的减排形势还是可观的。昆明在积极治理滇池的过程中，大力进行生态湿地修复工程。2012 年隶属昆明市的呈贡在与全国 667 个城市 1 997 个县进行"低碳城市示范区"的竞争中脱颖而出，成为全国仅有的 8 个低碳城市示范区之一。

说起玉溪出产的香烟可能无人不知。无论 GDP 还是二氧化碳排放量，玉溪都紧随昆明和曲靖，位居全省第三，而在人均排放上玉溪位居第一。长期以来玉溪工业经济结构以卷烟及配套为主。20 世纪末，玉溪烟草产业增加值占其工业增加值的 88.4%，经济增长主要由烟草产业拉动。玉溪卷烟厂在 1987 年成为中国产销量最大的卷烟厂，1991—1994 年成为亚洲第一。烟草在玉溪经济中的支柱地位可见一斑，而非烟经济薄弱成为玉溪经济增长和低碳转型发展的掣肘。依托传统产业的低碳转型升级和加快推进新支柱产业，玉溪正努力打造低碳经济的新城市名片：形成全国特色高效农业的玉溪品牌方阵，建设中国重要的农产品综合交易平台；以抚仙湖国际医疗健康城建设为契机，从国际一流、中国唯一的宜居环境中挖潜力，建设国际一流的健康生活目的地。

云南的城市减排特征见图 7-21。

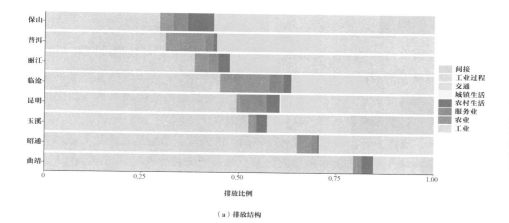

（a）排放结构

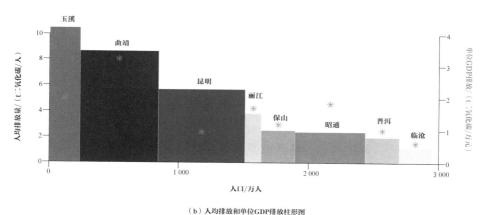

（b）人均排放和单位GDP排放柱形图

图 7-21 云南的城市排放特征

Figure 7-21 City emissions of Yunnan

注：（b）图中，柱形高度（左 Y 轴）代表人均二氧化碳排放，柱形宽度代表人口；柱形颜色越深，代表城市排放总量越高；红色"*"形（右 Y 轴）代表单位 GDP 二氧化碳排放。

Note: Above is the emission structure; below are the city emissions per capita and per unit of GDP (bar chart). Column height (left Y axis) represents per capita emissions, and column width represents population. The deeper the column color, the higher the total emissions. The red "*" (right Y-axis) represents emissions per unit of GDP.

7.22 陕西 Shaanxi

陕西作为中国西部大开发的"桥头堡"和西部生态环境建设的重点区域，是中国重要的能源生产和消费大省，近年来依托丰富的自然资源形成了以重化工业为主导的经济格局、以煤为主的能源消费结构和以火电为主的电源结构，必然带来较高的二氧化碳排放强度。

陕西省内资源型城市（榆林、铜川）的人均排放量远远超过其他城市，特别是榆林（全国十大排放城市之一）排放"一枝独秀"，以 9% 的人口排放了全省 42% 二氧化碳，其中仅工业部门能源消费二氧化碳排放就超过全省二氧化碳排放总量的四成，占榆林的 96.6%。

西安作为全省唯一的特大城市和唯一的服务型城市，人均排放较低。陕南 3 个市（商洛、汉中、安康）无论单位 GDP 排放强度、排放总量还是人均排放均与本省其他城市差距较大。其中，商洛和安康人均排放均低于 3 t。

西安是个充满历史底蕴的城市，而且历史特色比较鲜明——华北甚至华南的历史名城往往带着明清的局促，西安却保留着汉唐的大气。在旅游业方面，历史赋予了西安极为丰富的文化资源。西安低碳减排的一个例子是咸阳机场（机场不在西安市区而在咸阳），通过低碳改造［包括大幅度缩短飞机地面 APU（辅助动力装置）运行时间］全年可减少排放二氧化碳 15 730 t。值得一提的是，从西安市中心的鼓楼到咸阳机场 36 km，比天安门到首都机场还要远，考虑到超过 4 000 万人的年旅客吞吐量大部分来自西安，机场到市区的交通排放就是一个需要考虑的重要因素。一个可行的方案就是将高铁／城际铁路建在机场，实现高铁与飞机的无缝换乘，从而减少乘坐私家车前往机场的比例，实现低碳交通。

陕西的城市减排特征见图 7-22。

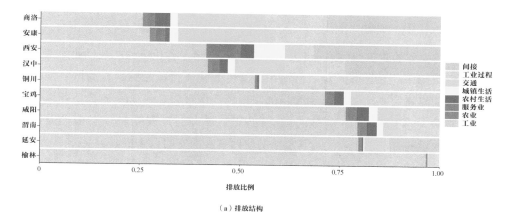

（a）排放结构

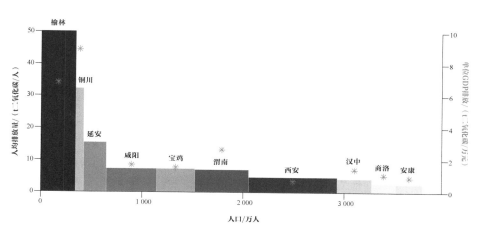

（b）人均排放和单位GDP排放柱形图

图 7-22　陕西的城市排放特征

Figure 7-22　City emissions of Shaanxi

注：　（b）图中，柱形高度（左 Y 轴）代表人均二氧化碳排放，柱形宽度代表人口；柱形颜色越深，代表城市排放总量越高；红色"*"形（右 Y 轴）代表单位 GDP 二氧化碳排放。

Note: Above is the emission structure; below are the city emissions per capita and per unit of GDP (bar chart). Column height (left Y axis) represents per capita emissions, and column width represents population. The deeper the column color, the higher the total emissions. The red "*" (right Y-axis) represents emissions per unit of GDP.

7.23 甘肃 Gansu

　　甘肃省的重工业体系长期以来以石化、冶金、有色等高能耗行业为主，严重依赖于化石能源。该省各城市人均二氧化碳排放悬殊，人均排放强度最大的嘉峪关高达 157 t，而最低的陇南和天水仅为 2～3 t；省会兰州也是本省最大的工业城市，排放总量全省第一，人均排放强度 18.3 t，是全省平均排放量的 2 倍以上，是与其接壤的陕西省会西安的近 4 倍。

　　兰州的辉煌属于计划经济时代，属于三线发展，属于开发西部。随着市场经济的兴起，不少国企没落了，西部的国企就更艰难。毕竟，自然、地理、交通、资源条件都受到限制。但是在整体经济变化之后，一些不适宜发展工农业的地方有可能靠发展第三产业和低碳产业重新开始。兰州老城区面积有限，很多高能耗工业逐渐向外发展，需要防止排放的无序扩散。兰州，大西北，也许可以通过旅游业复兴一下。毕竟"西北游，出发在兰州"。兰州的一个优势是通向新疆和青藏的咽喉，立足"一带一路"，低碳发展的前景看好。

　　嘉峪关是甘肃另一个特色鲜明的城市。大家知道嘉峪关很多是因为长城，而该市以"关"为名彰显了其"河西重镇""边陲锁钥"的重要位置。嘉峪关还有另一个名片就是"戈壁钢城"，因为她是西北最大的钢铁联合企业——酒泉钢铁公司所在地。冶金工业是嘉峪关工业经济的支柱，酒泉钢铁公司的工业增加值占全市 GDP 的六成以上，其提供的利税占全市财政收入的比重接近七成，这样的产业机构造成嘉峪关惊人的二氧化碳排放。从面积来看，嘉峪关在甘肃省各市中是最小的，面积不到甘肃总面积的 1%，甚至不及倒数第二的金昌的一半。但二氧化碳排放量却占到甘肃省的近 20%。从人均排放看，更是把全省其他城市远远甩在身后，即便在全国也位居前列。因此，作为典型的资源型城市，如何将原有支柱产业转型是考验甘肃省甚至全中国低碳发展的大命题。嘉峪关经济技术开发区已列入国家低碳工业园区试点项目，迈出了低碳发展的步伐，但考虑到嘉峪关超出省内其他城市 1～2 个数量级的人均排放强度。有道是，"雄关漫道真如铁，而今迈步从头越。"

　　甘肃的城市排放特征见图 7-23。

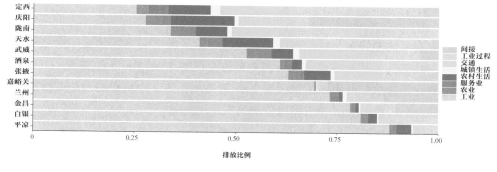

（a）排放结构

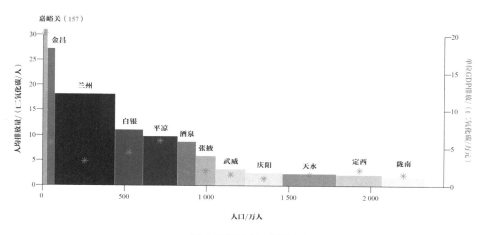

（b）人均排放和单位GDP排放柱形图

图 7-23　甘肃的城市排放特征

Figure 7-23　City emissions of Gansu

注：（b）图中，柱形高度（左 Y 轴）代表人均二氧化碳排放，柱形宽度代表人口；柱形颜色越深，代表城市排放总量越高；红色"＊"形（右 Y 轴）代表单位 GDP 二氧化碳排放。嘉峪关由于人均排放较高，所以未能全部显示。

Note: Above is the emission structure; below are the city emissions per capita and per unit of GDP (bar chart). Column height (left Y axis) represents per capita emissions, and column width represents population. The deeper the column color, the higher the total emissions. The red "*" (right Y-axis) represents emissions per unit of GDP.

7.24 宁夏 Ningxia

宁夏南北差异大，区域发展不平衡，导致了城市间二氧化碳排放差异明显。北部的银川和石嘴山两市面积仅占全区的 32%，人口占 53%，GDP 和二氧化碳排放却分别高达全区的 73% 和 74%。这 2 个城市的人均碳排放也都跻身全国前 10，其中石嘴山位居第三。

从排放结构看，宁夏北部的银川、石嘴山和吴忠三市有一定的相似性，均是工业部门能源消费排放占主体，占全市碳排放的比例都超过 80%。这与 3 市的经济结构有关。位于银川东南的宁东能源化工基地是宁夏北部 3 市发展的缩影。宁东煤田地质条件好、开采条件佳、采掘成本低，依托资源优势，于 21 世纪初将宁东基地建设确定为自治区的"一号工程"。目前已形成煤炭、电力、煤化工三大支撑产业，2017 年工业总产值突破千亿元，成为宁夏首个总产值过千亿元的园区。宁东基地成为宁夏经济增长的"动力源"，这也导致了银川的人均碳排放居高不下。因此，银川的减排重点也只能在工业部门能源消费排放上想办法。尽管银川在低碳方面也做出了不少努力，比如致力于推进煤炭清洁高效利用，鼓励开发利用煤层气和天然气，提升非化石能源供给水平，加快发展可再生能源和新能源等，但考虑到当前的发展阶段，银川的碳减排之路尚任重道远。

宁夏南部的中卫和固原人均 GDP 和可支配收入均较低，特别是固原位于宁夏南部山区，也是人们常说的宁夏"西海固"地区的主体部分，是中国 6 个集中连片特殊困难地区之一。但是这 2 个城市的低碳之路颇有特色。近年来，中卫充分发挥其地势海拔高、日照时间长、辐射强度高的优势，积极发展新能源，利用荒滩、荒漠等不适宜发展农业、生态项目、工业开发的土地建设风电和光伏发电站。截至 2017 年，中卫新能源装机容量 3.6 GW，占全区新能源装机容量的 30.4%。而固原则是发挥碳汇的潜力，"十二五"以来，宁夏举全区之力实施中南部地区生态移民工程，让 35 万贫困人口告别西海固。随着移民迁出和退耕还林、退牧还草、天然林保护、水土流失治理重大生态工程的实施，南部山区植被覆盖显著提高，成为全区主要的碳汇贡献地，年贡献 52 万 t，占全区碳汇的四成。

宁夏的城市排放特征见图 7-24。

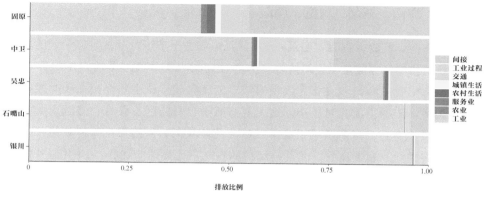

（a）排放结构

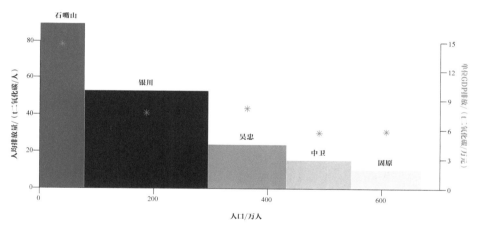

（b）人均排放和单位GDP排放柱形图

图7-24　宁夏的城市排放特征

Figure 7-24　City emissions of Ningxia

注：（b）图中，柱形高度（左Y轴）代表人均二氧化碳排放，柱形宽度代表人口；柱形颜色越深，代表城市排放总量越高；红色"＊"形（右Y轴）代表单位GDP二氧化碳排放。

Note: Above is the emission structure; below are the city emissions per capita and per unit of GDP (bar chart). Column height (left Y axis) represents per capita emissions, and column width represents population. The deeper the column color, the higher the total emissions. The red "*" (right Y-axis) represents emissions per unit of GDP.

7.25 海南、新疆、青海、西藏 Hainan, Xinjiang, Qinghai, Tibet

海南、新疆、青海、西藏4省/区虽然归在一节进行分析，但它们的城市排放结构和排放量（人均排放和单位GDP排放）存在显著的差异。

海南省以海口和三亚为代表的城市二氧化碳排放主要以交通和间接排放为主，工业排放相对较小，这主要与海南自身的区位条件、资源禀赋和发展模式有关。海南虽然工业不发达，且自身电力供给不足，但其第三产业（旅游业）发展良好，尤其是海口的三产占比高达75.84%，并凭借外调能源可以满足城市自身生产和生活的需求，因而其排放结构与中国大多数城市截然不同，也正因如此，海南的城市排放强度（人均和单位GDP排放）都比较低。

新疆维吾尔自治区所辖的城市主要以工业排放为主，以传统的高碳排工业为经济发展支柱。自治区所辖的克拉玛依、吐鲁番和乌鲁木齐的人均和单位GDP的二氧化碳排放即使在全国城市范围内都算比较高的。克拉玛依作为石油型工业城市（城市本身就以维吾尔语的"黑油"音译命名），化石能源消费高，排放体量大，并且人口少，人均排放超过了100 t。克拉玛依正在探索将石油开采和炼化以及其他工业二氧化碳排放与其特殊的地质环境结合起来，开展二氧化碳捕集、利用与封存技术的研究与示范，利用二氧化碳进行驱油和地质封存不仅可以降低其二氧化碳排放量，还可以提高石油采收率。

青海省的工业排放虽然低于新疆，但仍然占有较高份额。海东工业排放占比达到65%，西宁虽工业排放占比不到50%，但其人均排放和单位GDP排放在4省（区）城市中均处于较高水平，且西宁的间接排放占比超过工业排放。

西藏的城市人均排放和单位GDP排放在此4省（区）乃至全国各地级市中均处于较低水平，除拉萨以外，其他城市的主要排放部门都不是工业部门，昌都和日喀则主要以间接排放为主，而林芝的主要碳源来自交通部门。

海南、新疆、青海和西藏的城市排放特征见图7-25。

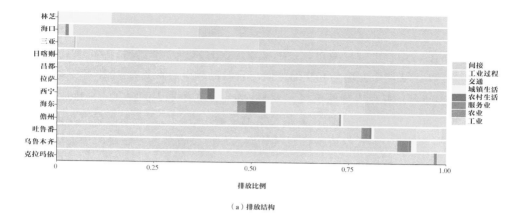

（a）排放结构

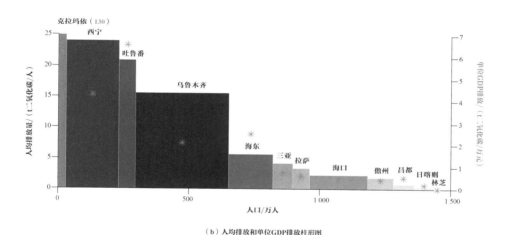

（b）人均排放和单位GDP排放柱形图

图 7-25　海南、新疆、青海和西藏的城市排放特征

Figure 7-25　Emissions of Hainan, Xinjiang, Qinghai, Tibet

注：（b）图中，柱形高度（左 Y 轴）代表人均二氧化碳排放，柱形宽度代表人口；柱形颜色越深，代表城市排放总量越高；红色"*"形（右 Y 轴）代表单位 GDP 二氧化碳排放。克拉玛依由于人均排放较高，所以未能完全显示。

Note: Above is the emission structure; below are the city emissions per capita and per unit of GDP (bar chart). Column height (left Y axis) represents per capita emissions, and column width represents population. The deeper the column color, the higher the total emissions. The red "*" (right Y-axis) represents emissions per unit of GDP.

7.26　中国香港、澳门和台湾　Hong Kong, Macau and Taiwan

香港，是一个港口城市、金融城市，没有太多工业，所以其二氧化碳排放工作主要集中在电力和交通方面。香港的减碳目标是在 2020 年把碳强度在 2005 年的基础上降低 50% ～ 60%。发电是香港最大的温室气体排放源，占 2012 年总排放量的 68%；其次是本地运输，占 17%，主要来自汽车的燃油使用。要在香港大幅度减低二氧化碳排放，最有效的方法是减少燃煤发电和充分提升能源效益。

香港在二氧化碳减排方面有 2 个典型案例：香港机场管理局和现代货箱码头。香港机场管理局于 2008 年完成首份针对其建筑物和设施的碳审计，也是首个与香港环保署签署"减碳约章"的机构。它联同商业伙伴于 2009 年为整个机场范围进行碳审计，并为自己和商业伙伴计算和监控二氧化碳排放。2012 年 12 月，香港国际机场获国际机场协会颁发的机场排放认可计划的优化级别证书。现代货箱码头是香港货柜码头的运营商之一，管理着葵青等多个货柜码头。现代货箱码头于 2014 年在香港处理了 540 万个 20 英尺 * 标准集装箱（集装箱运量统计单位，以 20 英尺的集装箱为标准，英文缩写为 TEU），2006 年计算了每个集装箱的二氧化碳排放（14.25 kg/TEU），并订立了在 2015 年前将二氧化碳减少 30% 的目标，相当于每个集装箱的二氧化碳排放为 10 kg/TEU。2011 年，现代货箱码头的努力获得环境运动委员会香港环保卓越计划的肯定。它的减碳目标于 2013 年上半年已基本实现（10.88 kg/TEU）。

澳门的经济是靠旅游业和博彩业相互推动的，尤其是博彩业相当繁荣，加之人口数量少，因此平均经济水平很高。对于澳门，人们普遍认为低碳发展几乎是顺理成章的。因此，为达到"构建低碳澳门、共创绿色生活"的共同愿景，澳门在追求低污染、低排放及环境友好的低碳经济发展模式过程中做出了不懈的努力。例如，在废弃物处理方面，澳门于 20 世纪 90 年代初决定采用焚烧的方式处理日益增加的垃圾，将垃圾燃烧时所产生的热能回收发电，其产生的电力不仅能满足焚化中心自身的运行，也产生了额外的电力输送至公共电网。交通运输占澳门温室气体排放的 1/3。澳门宣

---

*1 英尺（ft）= 0.304 8 米（m）

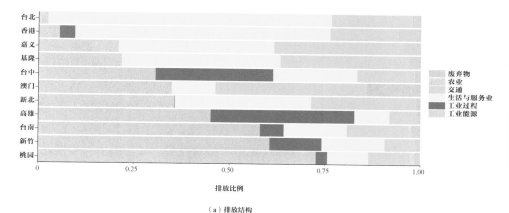

（a）排放结构

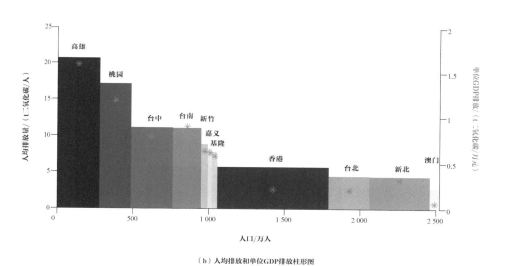

（b）人均排放和单位GDP排放柱形图

图 7-26　中国港澳台的城市排放特征

Figure 7-26　Emissions of Hong Kong, Macau and Taiwan cities

注：（b）图中，柱形高度（左 Y 轴）代表人均二氧化碳排放，柱形宽度代表人口；柱形颜色越深，代表城市排放总量越高；红色"＊"形（右 Y 轴）代表单位 GDP 二氧化碳排放。

Note: Above is the emission structure; below are the city emissions per capita and per unit of GDP (bar chart). Column height (left Y axis) represents per capita emissions, and column width represents population. The deeper the column color, the higher the total emissions. The red "*" (right Y-axis) represents emissions per unit of GDP.

扬 "绿色出行" 五招（倡议多步行、多乘坐公共交通工具、多与亲友共乘、条件许可下尽量停车熄火以及定期一天不开车）。

在我国台湾地区，2017 年以来，台北已将 2016 年联合国提出的 17 项永续发展目标（SDGs）和相关指标纳入市政府的永续发展议程。台北制定了《台北市温室气体管制执行计划》：中期目标提到 2030 年排放量较 2005 年减少 25%，长期目标提到 2050 年排放量较 2005 年减少 50%。台北于 2015 年参与 ISO 37120 指标体系（城市可持续发展　城市服务和生活品质的指标体系）认证，100 项指标通过了 98 项，2016 年 4 月获得 "白金级认证"，成为全台湾第一个入会并完成 ISO 37120 指标体系认证的城市。

新北是传统经济比较发达的地方，近年来积极参与国际气候倡议，2011 年于 Markit 平台注册自愿性减碳标准（VCS），2012 年开始填报碳气候注册平台（CCR），2014 年开始填报碳信息披露项目（CDP）问卷、获邀参与亚太城市会议（CDP），2015 年获选 CDP 城市调查前 10 名。

2018 年倡导地区可持续发展国际理事会（ICLEI）全球执委会启动了《2018—2024 蒙特利尔承诺与行动计划》，新北作为台湾唯一受邀城市与全球城市共同承诺，未来 6 年将加速并升级城市及区域的永续发展。新北已达成 2016 年排放量减到 2008 年水平的承诺，并持续朝 2020 年较基准年（2005 年）减排 9%、2030 年较 2005 年排放量减少 25%、2050 年较 2005 年排放量减少 50% 的目标迈进。

典型区域城市二氧化碳排放 8

CO₂ Emissions of Cities in Selected Regions

兰州 蔡博峰 乌鲁木齐南昌路一处供暖烟囱（烧天然气） 陈前利

西班牙毕尔巴鄂　蔡博峰

长沙岳麓山　张建军

8.1 "一带一路"地区 The "One Belt and One Road" Region

2015 年，国家发展和改革委、外交部、商务部联合发布了《推动共建丝绸之路经济带和 21 世纪海上丝绸之路的愿景与行动》，明确提出了"一带一路"六大经济走廊及 21 世纪海上丝绸之路。"一带一路"沿线国家聚集了全球 2/3 的人口和 1/3 的 GDP，消耗了全球 53.9% 的能源，排放了全球 60.6% 的二氧化碳。中国"一带一路"地区共有 37 个节点城市，其城市常住人口总和占全国城市总人口的 22.5%，生产总值占全国所有城市 GDP 的 35.3%。

中国"一带一路"节点城市中，二氧化碳排放总量位于前 5 位的城市依次是上海、重庆、天津、北京与宁波；排放总量位于全国后 5 位的城市依次是舟山、南宁、海口、三亚与拉萨；前 5 位的排放总量几乎高出后 5 位 2 个数量级。

"一带一路"地区一半以上城市的二氧化碳排放总量集中在 0 ～ 6 000 万 t。排放总量高于 1.5 亿 t 的城市为 4 个直辖市；介于 5 001 万～ 1 亿 t 的城市多为东南沿海经济发达地区城市及省会城市；低排放城市以中西部地区为主，城市规模小、城镇人口少。

内陆、沿海、西南、东北、西北地区节点城市的人均二氧化碳排放分别为 6.50 t/ 人、8.34 t/ 人、5.52 t/ 人、9.93 t/ 人、23.08 t/ 人，均低于节点城市所在区域的平均水平。内陆、沿海、西南、东北、西北地区节点城市的单位 GDP 二氧化碳排放分别为 0.86 t/ 万元、1.00 t/ 万元、0.94 t/ 万元、1.18 t/ 万元、3.59 t/ 万元，均低于节点城市所在区域的平均水平。

以乌鲁木齐为例，可以看到"一带一路"对其排放的影响。乌鲁木齐地处"一带一路"核心区，是中国向西开放的窗口。"一带一路"对乌鲁木齐排放的直接影响主要体现在交通排放上。2005 年，乌鲁木齐的交通排放为 69.59 万 t，2012 年其交通排放为 89.39 万 t，而到了 2015 年，其交通排放为 189.84 万 t。2012—2015 年年均增幅是 2005—2012 年的 10 倍以上。为响应"一带一路"建设，2012 年后乌鲁木齐修建了中国西部最大的国际陆港区，中欧、中亚、中俄班列全年开行 700 余列。未来，如何控制交通排放将是乌鲁木齐"一带一路"建设的重点。

　　此外还有一点需要注意，"一带一路"倡议的实施促进了内陆及西南地区节点城市的贸易活跃性，城市功能性材料（如钢铁、水泥、能源等）更多地依靠进口及国内调入，这种贸易形式会导致"一带一路"隐含二氧化碳转移新格局。

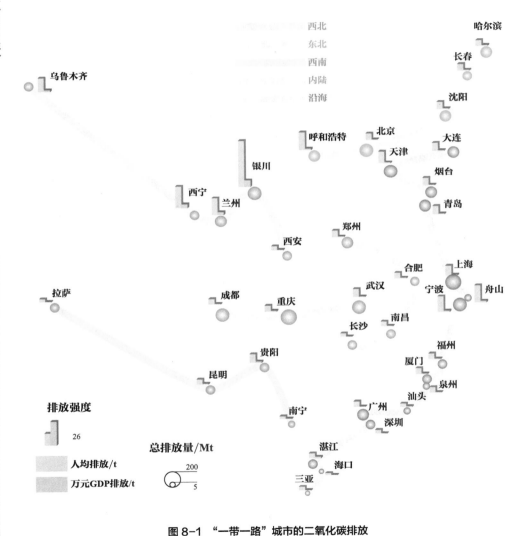

图8-1　"一带一路"城市的二氧化碳排放

Figure 8-1　City CO$_2$ emissions in the "One Belt and One Road" Region

8.2 中国城市群 China's Urban Agglomerations

中国国内对于城市群的划分还没有统一的标准。在国家的"十三五"规划中，提出建设 18 个城市群的设想。国务院自 2015 年起陆续批复了长江三角洲城市群等 10 个国家级城市群，本研究在此基础上增加了辽中南城市群，将"十三五"规划中的东北地区城市群分为两个城市群，研究对象共计 19 个城市群。不同的城市群，国土、经济、人口的体量差异巨大，差距达数十倍之多。

排放最大的城市群是长江三角洲城市群，最小的是黔中城市群。在 19 个城市群中，长江三角洲城市群的人口与 GDP 都居于首位。黔中城市群的人口与 GDP 都位列倒数第三，且与后两位差别不大，但产业结构重化工特征不明显，而后两位的宁夏沿黄城市群和天山北坡城市群产业结构的资源型、重化工特征突出，因此黔中城市群的直接排放最小。

人均二氧化碳排放最大的城市群是宁夏沿黄城市群，最小的城市群是北部湾城市群；单位 GDP 二氧化碳排放最大的城市群是宁夏沿黄城市群，最小的城市群是珠江三角洲城市群；单位行政区面积二氧化碳排放最大的城市群是山东半岛城市群，最小的城市群是哈长城市群；单位建设用地二氧化碳排放最大的城市群是宁夏沿黄城市群，最小的城市群是哈长城市群。

宁夏沿黄城市群产业结构的资源型、重化工特征突出，生产模式粗放，城市群规模较小（GDP 总量最少，人口总量倒数第二），因此人均排放、单位 GDP 排放最高。加之地均经济产出效率较低，因此单位建设用地排放最高。

山东半岛城市群承载的经济、人口总量较大，因而单位行政区面积排放最大；北部湾城市群人口数量中等，但经济水平低（19 个城市群中排名第 17 位），排放总量相对较少，因而人均排放最小；珠江三角洲城市群经济体量大、服务业比重高、经济产出效率高，因此单位 GDP 排放最小；哈长城市群国土面积广阔、建设用地充足，排放量相对不大，单位行政区面积排放、单位建设用地排放均为最小。

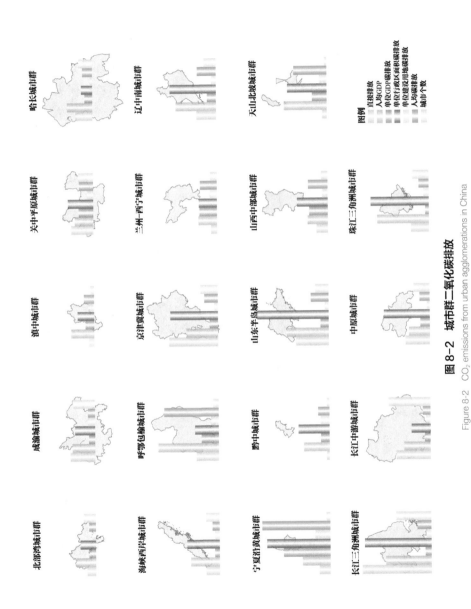

图 8-2　城市群二氧化碳排放

Figure 8-2　CO₂ emissions from urban agglomerations in China

哈长城市群

辽中南城市群

天山北坡城市群

关中平原城市群

兰州—西宁城市群

山西中部城市群

珠江三角洲城市群

滇中城市群

京津冀城市群

山东半岛城市群

中原城市群

成渝城市群

呼包鄂榆城市群

黔中城市群

长江中游城市群

北部湾城市群

海峡西岸城市群

宁夏沿黄城市群

长江三角洲城市群

图例
直接排放
人均GDP
单位GDP碳排放
单位行政区面积碳排放
单位建设用地碳排放
人均碳排放
城市个数

中国低碳城市发展评估 9

Low Carbon Development Assessment of Chinese Cities

北京史家胡同　蔡博峰　　　　　　　　　深圳国际低碳城屋顶光伏　李芬

邯郸武安县级市雾霾天与远方连片的工厂　王柯

西班牙巴塞罗那　张建军

9.1 城市低碳排名 Ranking of Low-Carbon Cities

基于城市二氧化碳排放驱动力和影响因素对城市进行分类，一方面可以科学地指导城市低碳发展建设，另一方面也为地理空间等地理属性和环境属性相似的城市进行横向评比提供思路。本节采用 2 个指标衡量城市低碳发展：以人均二氧化碳排放量表征城市的低碳程度，以人均 GDP 表征城市的发展程度。排名分为 2 个角度：一类是相对排名，同一类型城市的低碳发展水平按照低碳水平和经济发展程度将城市低碳发展程度分为高、中、低 3 档（从高到低依次为五星、四星和三星），具体排名方式见图 9-1，城市低碳发展综合排名结果从高到低也依次赋予五星、四星和三星（星值越高，表示低碳发展水平越高）；另一类是绝对排名，考虑到不同指标间的发展均衡性，有效地整合二氧化碳减排及经济发展激励的目标，基于纳什福利社会经济指数方法，通过多参数相乘形式实现 2 个指标的统一，将城市低碳排名和发展排名分别按照升序和降序排列，从上到下依次赋值，2 项指标所得赋值相乘，数字越大，绝对排名越高。

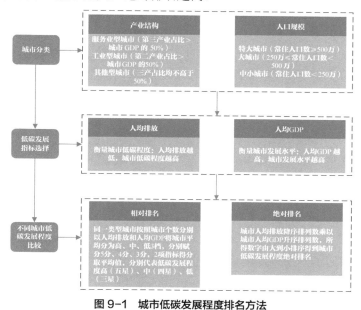

图 9-1 城市低碳发展程度排名方法

Figure 9-1 City low carbon development ranking method

9.1.1　相对排名 Relative Ranking

　　基于产业结构的中国城市低碳相对排名见图 9-2。从图中可以看出，处于相同低碳发展等级（颜色一致）而类型不同的城市群，当人均 GDP 处于同一水平时，工业型城市的二氧化碳排放量明显高于其他两种类型的城市；当人均二氧化碳排放处于同一水平时，大部分工业型城市位于图的右侧，说明工业型城市的人均 GDP 相对较高。人均二氧化碳排放处于同一水平时，低碳发展等级为五星的工业型城市对应服务业型城市为四星部分甚至是三星。从颜色分布可以看出，低碳发展等级为三星的城市主要分布在图的左上方，低碳发展等级为五星的城市主要分布在图的右下方，这也说明低碳发展等级较低的三星城市人均 GDP 较低但人均二氧化碳排放较高，低碳发展等级较高的五星城市人均 GDP 较高但人均二氧化碳排放较低。图 9-2 中还显示了人均二氧化碳排放在 10 t 附近集中了许多城市，人均二氧化碳排放在 10 t 以上的低碳发展等级主要是三星和四星城市，五星城市的人均二氧化碳排放均在 10 t 以下；人均二氧化碳排放在 10 t 附近的城市，从左往右依次是三星和四星城市。

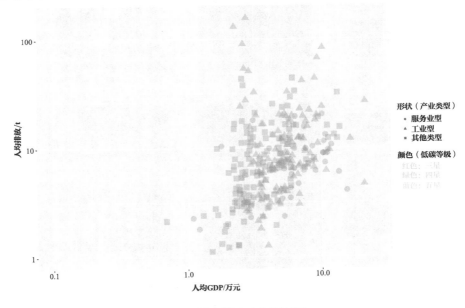

图 9-2　城市相对排名（产业结构）

Figure 9-2　Relative Ranking of low-carbon development (By industrial structure)

基于人口规模的中国城市低碳相对排名见图9-3。从图中可以看出，从低碳发展等级来看（从颜色看），低碳发展等级较低的城市群（红色）主要位于图的左上方，而低碳发展等级较高的城市群位于图的右下方（蓝色），低碳发展等级处于中等（绿色）的城市群则分布最广泛，从图的左下方一直到右上方，说明低碳发展等级处于中等的城市间发展差异较大，有的城市人均二氧化碳排放量较低、人均GDP也较低，有的城市人均二氧化碳排放量较高、人均GDP也较高。从图9-3中可以看出，人均二氧化碳排放较高的城市主要是中小城市，而人均二氧化碳排放较低的城市主要是大城市。人均二氧化碳排放在10 t附近有许多城市，特大城市的人均二氧化碳排放主要集中在10 t或者10 t以下，大城市和中小城市的排放量差异较大，部分分布在10 t以上，部分分布在10 t以下。总体来看，中小城市普遍人均二氧化碳排放量较高，特大型城市的人均二氧化碳排放量比较集中。

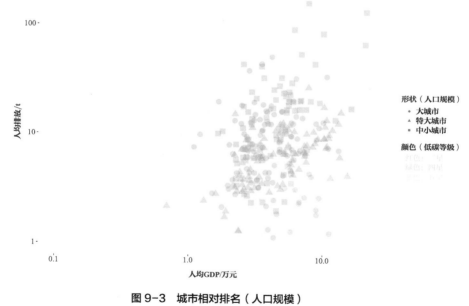

图9-3　城市相对排名（人口规模）

Figure 9-3　Relative Ranking of low-carbon development (By population)

9.1.2 绝对排名 Absolute Ranking

中国城市低碳发展绝对排名见图 9-4 和表 9-1。深圳至西安为低碳发展绝对排名前 10 位的城市，人均排放集中在 4 ～ 6 t，人均 GDP 集中在 6 万～ 15 万元，深圳人均 GDP 较高，达到 15.4 万元，产业结构以其他类型为主、服务业次之、工业型城市最少。嘉峪关至乌海为低碳发展绝对排名后 10 位的城市，人均排放呈现极端分布：有 6 个城市的人均排放特别高，如甘肃嘉峪关、宁夏石嘴山、内蒙古乌海等，这些城市的人均 GDP 较低，属于典型的高排放低发展城市，其产业结构以工业为主；还有 4 个城市人均排放特别低，如甘肃陇南和定西等，这些城市人均 GDP 也较低，属于典型的低排放低发展城市，其三产占比很高，工业发展较弱。总体来看，无论排名前 10 位的城市还是排名后 10 位的城市，工业型城市占比均较高。从空间分布看，前 10 位主要分布在东南沿海地区（江苏、浙江、广东、福建等地），后 10 位主要分布在中国的西部（甘肃、宁夏、陕西、贵州等地）；从人口规模看，后 10 位主要为中小城市和大城市，而前 10 位主要为特大城市和大城市，城市管理中小城市的高排放应引起重视。

图 9-4 中每条柱状图均代表一个城市的绝对排名，排名越高，柱形越高。可以看出，以煤炭资源为主的山西、内蒙古两省（区）不同城市的低碳发展程度相近，城市低碳发展排名均靠后；新疆、甘肃、青海、宁夏、陕西、辽宁、黑龙江等省（区）的低碳发展水平总体也相差不大，并且排名处于中间靠后的位置，这些地区煤炭和石油储量也较为丰富；江西、湖北、湖南、安徽等省份大部分城市的低碳发展绝对排名处于中间位置，这些地区水电供给量大、森林覆盖率相对较高；北京、天津、江苏、浙江、江苏、广东、广西、福建、海南等省（区、市）大部分城市的低碳发展水平总体排名靠前，其能源需求主要依赖于外部供给，东南沿海地区主要采用风电、天然气、核电等低碳资源，同时拥有丰富的森林资源。

通过省级层面的低碳发展水平比较发现，同一省份不同城市之间低碳发展水平差异悬殊，这也说明同一省份不同城市之间的资源禀赋、发展状况差别较大，以地级市为研究对象更能反映中国的低碳发展水平，有助于城市管理决策。

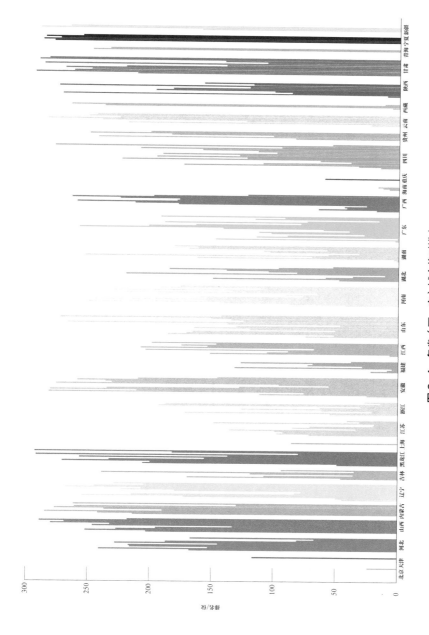

图9-4 各省（区、市）城市绝对排名

Figure 9-4 Absolute Ranking for Chinese cities

表 9-1 城市低碳发展排名

Table 6 Ranking of city low-carbon development

城市名称	人均GDP/万元	人均排放/（t/人）	绝对排名	城市名称	人均GDP/万元	人均排放/（t/人）	绝对排名
深圳	15.38	4.08	1	蚌埠	3.81	5.08	76
长沙	11.45	3.88	2	濮阳	3.68	4.35	77
广州	13.41	5.99	3	锦州	4.33	6.24	78
株洲	5.84	3.14	4	阳江	4.98	7.25	79
莆田	5.77	3.04	5	牡丹江	4.74	6.93	80
拉萨	5.83	3.47	6	沧州	4.29	6.41	81
南昌	7.54	5.44	7	荆门	4.79	7.10	82
海口	5.23	2.35	8	丹东	4.09	6.20	83
厦门	8.98	6.15	9	贵阳	6.26	9.85	84
西安	6.67	4.68	10	连云港	4.83	7.46	85
襄阳	6.02	4.13	11	上海	10.40	11.46	86
林芝	4.59	0.05	12	宝鸡	4.75	7.38	87
三亚	5.82	4.29	13	开封	3.54	4.72	88
台州	5.88	4.50	14	九江	3.94	6.45	89
成都	7.37	6.17	15	汕头	3.36	3.98	90
中山	9.38	6.76	16	许昌	5.00	7.93	91
儋州	4.53	1.94	17	揭阳	3.12	3.15	92
南宁	4.88	3.06	18	徐州	6.14	10.34	93
扬州	8.96	6.91	19	白城	3.56	5.66	94
盐城	5.83	5.16	20	雅安	3.25	3.65	95
温州	5.07	3.42	21	滁州	3.25	3.74	96
福州	7.49	6.56	22	咸宁	4.11	6.92	97
昆明	5.94	5.70	23	无锡	13.08	12.27	98
北京	10.60	7.33	24	眉山	3.43	4.60	99
合肥	7.27	6.63	25	常州	11.22	12.28	100
北海	5.49	5.00	26	咸阳	4.33	7.43	101
丽水	5.16	4.19	27	遵义	3.50	5.85	102
佛山	10.77	7.56	28	江门	4.96	8.82	103
泉州	7.21	6.81	29	张家界	2.94	2.30	104
金华	6.24	6.46	30	孝感	2.99	3.06	105
泰州	7.95	7.15	31	萍乡	4.80	8.47	106
常德	4.64	3.29	32	酒泉	4.88	8.81	107
自贡	4.13	2.35	33	四平	3.77	6.71	108
南通	8.42	7.49	34	益阳	3.07	3.51	109
松原	5.89	6.57	35	泸州	3.16	4.32	110
辽源	6.02	6.64	36	信阳	2.94	2.96	111
宜昌	8.23	7.63	37	芜湖	6.73	12.08	112
宁德	5.18	5.69	38	湛江	3.29	5.55	113
德阳	4.57	3.87	39	宜宾	3.40	5.99	114
茂名	4.02	2.87	40	珠海	12.39	13.20	115
宿迁	4.38	3.72	41	潮州	3.45	6.27	116
桂林	3.92	2.79	42	天津	10.69	13.15	117
郑州	7.64	7.74	43	安康	2.85	2.57	118
梧州	3.60	1.26	44	通化	4.53	8.82	119
沈阳	8.77	8.06	45	潍坊	5.57	10.76	120
长春	7.33	7.67	46	汉中	3.08	4.35	121
威海	10.70	8.91	47	崇左	3.32	6.04	122
武汉	10.28	8.90	48	遂宁	2.78	1.82	123
哈尔滨	5.24	6.40	49	玉溪	5.27	10.50	124
大连	11.07	9.02	50	临沂	3.65	7.35	125
烟台	9.19	8.85	51	湖州	7.07	12.49	126
青岛	10.22	8.91	52	龙岩	6.66	12.28	127
随州	3.58	2.33	53	安庆	3.52	7.08	128
资阳	3.56	2.14	54	乐山	3.99	8.24	129
杭州	11.14	9.60	55	巴彦淖尔	5.29	10.96	130
黄山	3.86	3.47	56	泰安	5.64	11.84	131
岳阳	5.13	6.44	57	三明	6.77	12.56	132
郴州	4.25	4.30	58	晋城	4.49	9.58	133
十堰	3.84	3.53	59	南阳	2.86	3.66	134
重庆	5.21	6.76	60	德州	4.79	9.99	135
肇庆	4.85	6.32	61	苏州	13.66	15.49	136
嘉兴	7.67	9.29	62	佳木斯	3.41	7.03	137
绍兴	8.99	9.70	63	日照	5.80	12.22	138
绵阳	3.56	3.29	64	荆州	2.79	3.17	139
柳州	5.86	7.87	65	张掖	3.06	5.93	140
漯河	3.78	3.98	66	庆阳	2.73	2.66	141
廊坊	5.38	7.41	67	惠州	6.60	13.06	142
鹰潭	5.54	7.47	68	菏泽	2.82	3.97	143
南平	5.07	6.94	69	洛阳	5.15	11.45	144
衡阳	3.55	3.46	70	保定	2.90	4.67	145
淮安	5.63	7.80	71	宣城	3.58	8.69	146
南京	11.80	10.69	72	抚州	2.77	3.19	147
漳州	5.53	7.71	73	韶关	3.92	9.31	148

160

城市名称	人均 GDP/万元	人均排放 /（t/人）	绝对排名	城市名称	人均 GDP/万元	人均排放 /（t/人）	绝对排名
东莞	7.60	9.85	74	镇江	11.03	15.92	149
济南	8.55	10.27	75	黄石	5.00	12.02	150
聊城	4.46	10.53	151	阜新	2.96	12.13	223
景德镇	4.71	11.12	152	广元	2.30	4.25	224
秦皇岛	4.07	9.89	153	贺州	2.31	5.26	225
吉安	2.71	3.30	154	丽江	2.26	3.82	226
新乡	3.45	7.92	155	阳泉	4.26	16.93	227
大庆	9.37	15.73	156	张家口	3.08	12.59	228
安阳	3.66	8.97	157	葫芦岛	2.82	11.24	229
商洛	2.62	2.76	158	商丘	2.49	7.10	230
广安	3.10	7.14	159	宿州	2.23	3.16	231
乌鲁木齐	7.41	15.55	160	晋中	3.14	14.92	232
焦作	5.45	12.93	161	双鸭山	2.97	13.59	233
怀化	2.60	2.10	162	海东	2.26	5.69	234
湘潭	6.03	14.24	163	铜陵	5.73	22.70	235
河源	2.64	3.15	164	六安	2.14	2.74	236
济宁	4.84	12.16	165	通辽	6.02	23.77	237
东营	16.35	16.86	166	日喀则	2.13	0.43	238
衡水	2.75	4.35	167	白山	5.31	22.01	239
石家庄	5.08	12.42	168	保山	2.14	2.55	240
永州	2.61	3.05	169	唐山	7.82	26.44	241
吉林	5.76	14.86	170	包头	13.15	31.79	242
枣庄	5.24	13.40	171	六盘水	4.16	19.88	243
宁波	10.24	17.36	172	临沧	2.00	1.22	244
鞍山	6.48	15.98	173	铁岭	2.79	13.78	245
攀枝花	7.51	16.50	174	朔州	5.11	23.44	246
宜春	2.94	7.16	175	鹤壁	4.46	20.36	247
驻马店	2.60	3.77	176	西宁	5.62	24.06	248
百色	2.73	5.90	177	白银	2.54	11.15	249
防城港	6.76	16.48	178	毕节	2.21	6.29	250
玉林	2.53	2.92	179	普洱	1.97	1.99	251
营口	6.20	16.21	180	大同	3.09	17.86	252
娄底	3.34	9.65	181	邵阳	1.91	1.92	253
黑河	2.67	5.63	182	平顶山	3.40	19.42	254
延安	5.37	15.53	183	抚顺	5.87	29.07	255
安顺	2.70	6.05	184	中卫	2.78	15.66	256
黄冈	2.53	3.36	185	伊春	2.26	7.89	257
淄博	8.90	18.03	186	梅州	2.21	6.80	258
承德	3.85	12.24	187	亳州	1.87	1.71	259
舟山	9.49	18.99	188	贵港	2.02	5.94	260
清远	3.33	10.47	189	呼伦贝尔	6.32	33.01	261
赤峰	4.33	13.22	190	乌兰察布	4.33	25.23	262
南充	2.38	1.27	191	金昌	4.77	27.35	263
云浮	2.89	7.94	192	河池	1.78	1.32	264
衢州	5.37	16.34	193	昌都	1.69	0.89	265
周口	2.37	1.29	194	吐鲁番	3.20	20.94	266
长治	3.49	12.13	195	莱芜	4.93	32.48	267
内江	3.21	10.73	196	盘锦	8.74	42.98	268
渭南	2.67	7.04	197	忻州	2.17	9.77	269
来宾	2.56	5.97	198	天水	1.67	2.43	270
上饶	2.46	3.77	199	鹤岗	2.57	17.57	271
鸡西	2.79	8.75	200	铜川	3.63	32.26	272
铜仁	2.47	4.08	201	滨州	6.10	43.18	273
汕尾	2.52	5.33	202	吴忠	2.95	23.98	274
太原	6.33	19.21	203	榆林	7.33	50.15	275
新余	8.12	19.66	204	阜阳	1.60	2.76	276
朝阳	2.90	9.43	205	鄂尔多斯	20.66	65.61	277
齐齐哈尔	2.52	5.34	206	巴中	1.51	1.11	278
辽阳	5.57	17.87	207	银川	6.90	52.84	279
赣州	2.31	2.92	208	运城	2.23	14.99	280
达州	2.43	4.11	209	淮北	3.49	41.04	281
池州	3.79	13.92	210	淮南	2.25	16.66	282
马鞍山	6.04	19.40	211	固原	1.79	10.38	283
兰州	5.68	18.28	212	昭通	1.30	2.40	284
钦州	2.94	10.44	213	乌海	10.07	82.31	285
呼和浩特	10.10	20.18	214	陇南	1.22	1.80	286
本溪	6.78	19.79	215	平凉	1.66	9.90	287
邯郸	3.00	11.27	216	石嘴山	6.12	89.88	288
邢台	2.42	4.41	217	临汾	2.62	37.40	289
吕梁	2.49	6.20	218	克拉玛依	21.00	130.27	290
曲靖	2.70	8.66	219	定西	1.10	2.26	291
鄂州	6.89	20.09	220	七台河	2.56	42.76	292
武威	2.29	3.30	221	绥化	0.69	2.13	293
三门峡	5.57	19.62	222	嘉峪关	7.79	157.01	294

9.2 城市排放形态评估 Morphological Pattern of Emissions

基于微观数据的城市二氧化碳排放形态和特征评估有利于更好地理解城市碳排放的来源与格局特征，依赖评估结果所总结的规律能在更大范围内进行推广，得出的政策建议也能支持实现精准减排目标。本节基于城市1 km排放网格数据，采用以下2个指标评估一个城市的排放形态（图9-5）：排放基尼系数（评估排放数据分布特征）和排放空间集聚系数（评估排放空间聚集性特征）。

排放基尼系数可以计算一个城市内部所有1 km网格排放量之间的差异性，反映的是一组数据分布的极化水平。基尼系数值越大，网格排放之间的差异性越大，表明网格二氧化碳排放的极化现象也越明显；基尼系数值越小，则表明数据差异越小，表明网格二氧化碳排放的极化现象越不明显。在本研究中，首先将二氧化碳排放水平按照从低到高顺序分成若干组，然后分别计算每一个城市网格的二氧化碳排放量在各组中的方格数量，再绘制其分布曲线（通常也称为洛伦兹曲线），最后根据拟合曲线计算其对应的基尼系数。

排放空间集聚系数以全局莫兰指数进行度量，评估城市内部所有1 km网格排放空间格局是聚类、离散还是随机。当莫兰指数＞0时，表示城市网格二氧化碳排放分布呈现空间正相关性，其值越大说明网格二氧化碳排放分布的空间集聚性越明显；当莫兰指数＜0时，表示城市网格二氧化碳排放分布呈现空间负相关性，其值越小说明网格二氧化碳排放分布的空间差异越大；当莫兰指数＝0时，表示城市网格二氧化碳排放的空间分布呈现随机性。

以莫兰指数为横轴、基尼系数为纵轴，对长江三角洲地区26个城市的分布情况进行可视化（图9-6）。采用Jenks自然断裂点法分别将2个参数数据分成3类，使类内差异最小、类间差异最大。总体来看，大部分城市属于高数量极化、低空间集聚，其中尤其以安徽的城市最为明显，其次为江苏的城市，再次为浙江的城市，上海相对来说集聚水平最低。与其他省份相比，浙江部分城市二氧化碳的排放量显示出一定的空间集聚特点，表明排放大户集中布局特征相对较为显著。

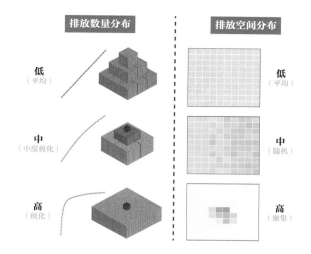

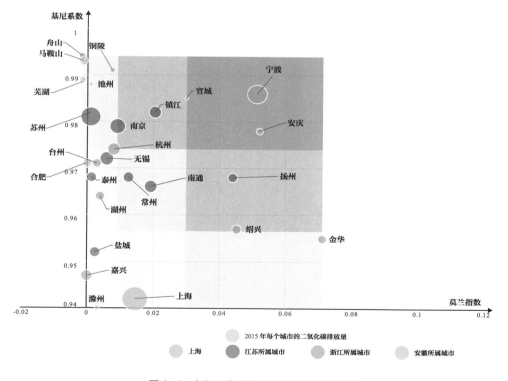

图 9-5　城市排放形态评估示意图

Figure 9-5　Schematic of evaluation of morphological pattern of emissions

图 9-6　长江三角洲地区城市排放形态结果

Figure 9-6　Morphological pattern of emissions of cities in Yangtze River Delta Region

非二氧化碳篇

Non-Carbon Dioxide

甲烷
Methane 10

新疆察布查尔锡伯自治县稻田　陈前利

西安江村沟垃圾填埋场　蔡博峰

北京高碑店污水处理厂　蔡博峰

济宁采煤塌陷区淹没农田　王柯

10.1　甲烷排放空间格局 Spatial Pattern of Methane Emissions

中国城市甲烷排放量总体空间分布特征为中部地区城市排放普遍较高、东部城市次之、西部城市较低，且中东部的排放点源明显多于西部城市，西部地区多数空间网格排放量为零（图 10-1）。

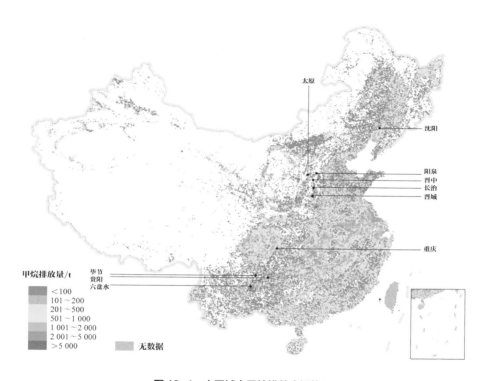

图 10-1　中国城市甲烷排放空间格局

Figure 10-1　Spatial Pattern of Chinese cities CH$_4$ emissions

注：白色区域代表无排放。

Note: The white part represents no emission.

中国城市甲烷排放存在明显的省域聚集现象。甲烷排放较高的城市主要集中在太行山地区、两湖地区、江南丘陵地区和云贵高原地区，这些地区农牧业普遍较为发达且煤矿企业众多。而东部沿海地区，除素有"水上江南，鱼米之乡"美誉的江浙地区以外（水热条件好、水稻种植业发达），其他省份的城市甲烷排放则普遍较低，这主要是因为该地区不以农牧业发展为主导且煤矿分布较少。西北地区以及西藏的甲烷排放分布在极少的空间网格，这与该地区的地形地貌、资源分布、产业布局、人口聚集以及生产生活方式密切相关。

甲烷排放总量较高的城市普遍煤炭产量较高。甲烷排放总量排名全国前10位的城市依次是太原、阳泉、晋城、毕节、重庆、六盘水、贵阳、沈阳、晋中和长治。这10个城市大致分布在中国第二阶梯与第三阶梯分界线两侧，且南北方均有分布。这些城市依靠自身天然的地理条件和地质环境优势多以资源开采为主导产业。

甲烷排放总量较低的城市普遍人口较少、产煤量低，经济发展不以资源开发为主。甲烷排放总量排名全国后10位的城市依次是莱芜、珠海、吐鲁番、海口、防城港、铜陵、三亚、舟山、克拉玛依和嘉峪关。

甲烷排放总量与城市人口数量表现出正相关关系，甲烷排放高的城市普遍分布在胡焕庸线以东，与人口空间分布密集区较为契合。甲烷排放较高的城市主要是特大城市和大城市，甲烷排放总量较低的城市主要是中小城市。甲烷排放量排名全国前10位的城市中，除了阳泉和晋城为中小城市，其他城市均为大城市和特大城市。

甲烷排放总量与产业之间也存在联系，甲烷排放量较高的城市主要是工业型和其他类型城市。甲烷排放量排名全国前10位的城市中，除太原为服务业型外，其他城市均为工业型和其他类型。

10.2 甲烷排放结构 Emissions by Sources

煤矿开采是中国甲烷排放的最大排放源，其次是动物肠道发酵和水稻种植（图 10-2）。从地级市尺度来看，中国城市间甲烷排放结构存在明显的差异（图 10-3）。煤矿开采的甲烷排放量占甲烷排放总量的比例超过 50% 的城市有 52 个，山西作为中国煤层气储量第一的省份，其所辖阳泉、晋城、太原、长治和晋中煤矿开采的甲烷排放量占比均高达 95% 以上；水稻种植的甲烷排放量占甲烷排放总量的比例超过 50% 的城市有 82 个，其中素有"鱼米之乡""丝绸之府"美誉的"禾城"嘉兴的水稻甲烷排放量占比高达 90%，"禾"即水稻，足见该市水稻种植业的发达；动物肠道发酵的甲烷排放量占甲烷排放总量的比例超过 50% 的城市有 69 个，占比排前 3 位的城市均位于"世界屋脊"之上，牧业是此三市的主要产业；废弃物处理的甲烷排放量占甲烷排放总量的比例超过 50% 的城市有 7 个。以农业和牲畜业发展为主的城市发展模式在中国仍占有相当重要的现实发展地位。虽然煤炭开采作为火力发电的主要来源用以满足 70% 的电力需求，导致在短期内难以改变甲烷排放格局，但随着国家对煤改气/电力度的加大，这种结构在未来会逐渐调整；同时，国家煤改气的大力实施会增加甲烷泄漏排放的风险，需要引起足够的重视。

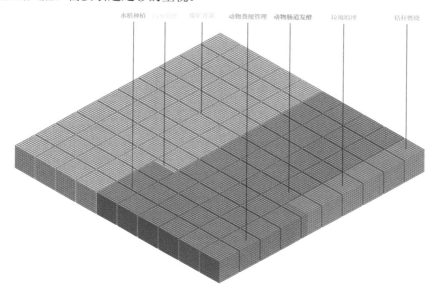

图 10-2 中国城市甲烷排放平均结构

Figure 10-2 Average proportion of CH$_4$ emissions by sources

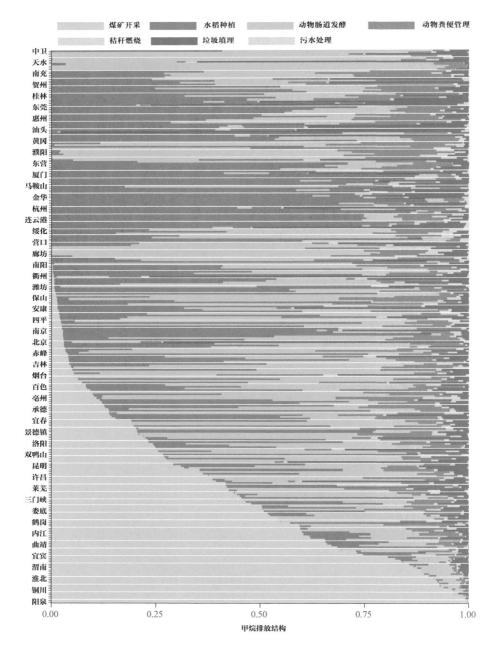

图 10-3 中国部分城市甲烷排放结构特征

Figure 10-3 Proportion of CH$_4$ emissions by sources of Chinese cities

170

10.3　煤矿开采 Coal Mining

　　煤矿开采中甲烷排放量较高的城市主要分布在山西和贵州等煤炭生产大省（图 10-4）。煤矿开采甲烷排放量排名全国前 10 位的城市依次是太原、阳泉、晋城、毕节、六盘水、贵阳、重庆、晋中、长治和沈阳，与甲烷排放总量的全国十大城市相同，仅是个别城市前后顺序进行了调整。山西的省会城市太原素有中国"煤海"之称，其煤炭产量高且瓦斯相对涌出量大，导致该市成为全国煤炭开采甲烷排放量最高的城市，但随着太原对低碳减排的重视，该市煤炭开采得到了限制，更实施了成为全球首个出租车全部电动化城市的壮举，因此其煤矿开采甲烷排放在未来会有很大的改善。毕节、六盘水的矿产资源丰富，煤储量位居贵州前列，煤种齐全、煤质优良、埋藏浅，素有"西南煤海""江南煤都"之誉，因此煤矿开采甲烷排放量在全国名列前茅。除了重庆，煤炭开采甲烷排放量排名全国前 10 位的城市中，煤炭开采甲烷排放量占总甲烷排放量的比例均超过 80%，远超其他甲烷排放源的排放水平。

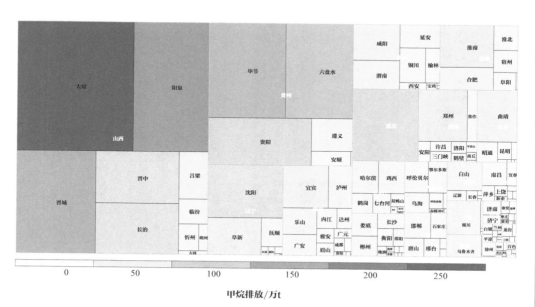

图 10-4　中国城市煤炭开采甲烷排放

Figure 10-4　Chinese cities CH₄ emissions of coal mining

171

10.4 水稻种植 Rice Cultivation

水稻种植中甲烷排放受自然气候的影响较大，水热条件较好的区域农作物耕作条件均较优，相应的农作物产量也较高。因此，普遍种植水稻的地区甲烷排放量均较高，表明地形地貌和气候条件在一定程度上决定了水稻种植区域的甲烷排放结构和水平。以水稻种植中甲烷排放为主要排放源的城市一般分布于安徽、浙江、江苏、湖北、湖南和江西。这些省份分别位于江淮地区、太湖平原、江汉平原、洞庭湖平原和鄱阳湖平原5个中国重大商品粮基地，因此水稻种植中甲烷排放量较高。水稻种植中甲烷排放排名前10位的城市依次是合肥、六安、滁州、重庆、常德、荆州、信阳、佳木斯、盐城和安庆，其中有9个城市分布在南方地区，只有佳木斯位于东北地区。佳木斯坐落于世界仅存的三大黑土地带之一的三江平原，水稻种植中甲烷排放量在全国城市中突出。中国近15%的城市的水稻种植中甲烷排放量为0，且主要分布在中西部（集中在山西、河南、甘肃、内蒙古、青海、西藏等省区）。

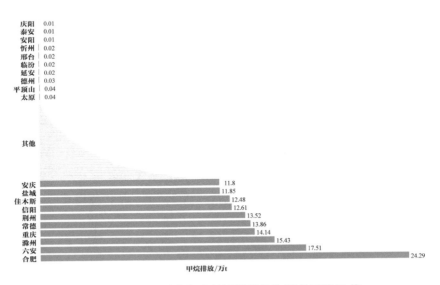

图 10-5 中国城市水稻种植甲烷排放前 10 位及后 10 位

Figure 10-5 Top 10 and bottom 10 cities of CH₄ emissions of rice cultivation

10.5　畜禽管理（肠道发酵＋粪便管理）
Animal Husbandry (Enteric Fermentation + Manure Management)

　　动物肠道发酵甲烷排放较高的城市主要分布在中国西部地区。该区域城市地域辽阔、自然资源丰富，是中国主要的农牧地区。排名全国前 10 位的城市依次是巴彦淖尔、通辽、南阳、赤峰、重庆、呼伦贝尔、昌都、长春、绥化和驻马店，这些城市多数位于中国的四大牧区（新疆牧区、内蒙古牧区、青海牧区、西藏牧区）；排放量较低的城市主要分布在东部沿海地区，排名全国后 10 位的城市依次是乌海、常州、克拉玛依、镇江、嘉峪关、珠海、深圳、中山、舟山和东莞（排放量从大到小）。动物粪便管理甲烷排放量较高的城市主要分布在中国中部地区，这些城市多为特大城市或大城市，牛、羊、猪的存栏量普遍较高。排名全国前 10 位的城市依次是重庆、驻马店、南阳、周口、玉林、永州、邵阳、衡阳、绥化和曲靖，其中，猪的存栏量都排在全国城市前列，猪的数量是影响动物粪便管理甲烷排放的主要因素，因为猪的存栏量相较于牛、羊更高且其粪便甲烷排放因子也比较高；排放量较低的城市主要分布在东部和西部地区，排名全国后 10 位的城市依次是东莞、舟山、吐鲁番、阳泉、白山、铜川、克拉玛依、深圳、乌海和嘉峪关。图 10-6 综合了以上两方面得出中国城市畜禽管理甲烷排放的前 10 位和后 10 位城市。

深圳	0.04
东莞	0.05
舟山	0.06
嘉峪关	0.08
克拉玛依	0.11
乌海	0.11
中山	0.12
阳泉	0.2
铜陵	0.24
鹤岗	0.25

其他城市

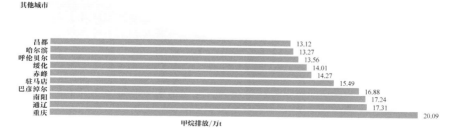

昌都	13.12
哈尔滨	13.27
呼伦贝尔	13.56
绥化	14.01
赤峰	14.27
驻马店	15.49
巴彦淖尔	16.88
南阳	17.24
通辽	17.31
重庆	20.09

甲烷排放/万t

图 10-6　中国城市畜禽管理甲烷排放前 10 位及后 10 位

Figure 10-6　Top 10 and bottom 10 cities of CH₄ emissions of animal husbandry

10.6　废弃物处理（垃圾填埋 + 污水处理）

Waste Disposal (Landfills + Wastewater treatment)

　　废弃物处理包括垃圾填埋场和污水处理厂。城市垃圾填埋场在厌氧填埋过程中将产生大量甲烷，并伴生有恶臭气体排放。中国城市垃圾由于含水率高（40% ～ 60%）、易降解有机物含量大（50% ～ 70%），且采取混合收集，导致在收运和处置过程中产生大量恶臭气体，其组分多、成分复杂，污染较为严重。城市污水处理厂和垃圾填埋场产甲烷和恶臭气体的过程非常相似，在产生机理、过程和排放量上都有着极为紧密的关联，开展城市废弃物处理甲烷减排工作将会带来非常显著的恶臭气体减排和环境健康协同效益（减少受恶臭影响人口），对中国应对气候变化和改善公众环境健康有着重要的作用。

　　垃圾填埋场甲烷排放与经济发展具有显著的正向关系，即经济发展水平越高，垃圾填埋场甲烷排放量越大。垃圾填埋场甲烷排放较高的城市主要分布在直辖市、省会城市等特大城市，排名全国前10位的城市依次是上海、北京、青岛、深圳、杭州、广州、重庆、成都、安康和西安。上海排放量最高，其主要原因是其人口总量多且经济发达，经济发展、人口集聚带来庞大的生产和生活垃圾；排放量较低的城市主要集中在中小型城市，排名全国后10位的城市依次是盘锦、绥化、双鸭山、芜湖、淮北、鹤岗、湖州、铜陵、营口和海口。

　　污水处理厂甲烷排放情况与垃圾填埋场甲烷排放情况较为一致。污水处理厂甲烷排放较高的城市集中在直辖市、省会城市等特大城市，排名全国前10位的城市依次是泉州、上海、苏州、北京、天津、重庆、沈阳、深圳、杭州和广州；排放量较低的城市主要为中小型城市，排污量小；排名全国后10位的城市依次是儋州、萍乡、辽源、嘉峪关、拉萨、吐鲁番、七台河、克拉玛依、昌都和林芝。

　　图 10-7、图 10-8 综合了以上两方面得出中国城市废弃物处理甲烷排放排名和分布特征。

鹤岗	0.01
铜陵	0.02
双鸭山	0.02
营口	0.03
淮北	0.05
盘锦	0.06
海口	0.07
绥化	0.07
芜湖	0.08
湖州	0.18

其他城市

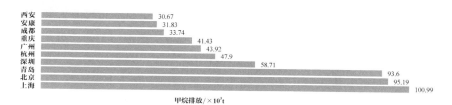

西安	30.67
安康	31.83
成都	33.74
重庆	41.43
广州	43.92
杭州	47.9
深圳	58.71
青岛	93.6
北京	95.19
上海	100.99

甲烷排放/×10³t

图 10-7　中国城市废弃物处理甲烷排放排名前 10 位及后 10 位
Figure 10-7　Top 10 and bottom 10 cities of CH₄ emissions of waste disposal

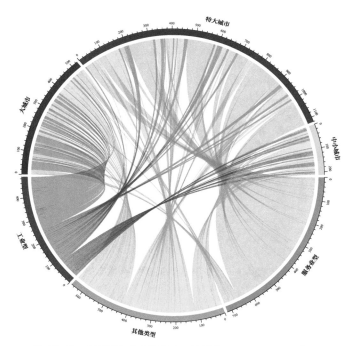

图 10-8　中国城市废弃物处理甲烷排放分布特征（×10³t）
Figure 10-8　Characteristics of waste disposal of Chinese cities CH₄ emissions

10.7 秸秆燃烧 Burning of Agricultural Residues

秸秆燃烧排放的甲烷占甲烷排放总量的比例很小。秸秆燃烧甲烷排放量较高的城市主要集中在北方地区，尤其是东三省以及山东和河南，主要与这些地区的农作物生产类型以及生活方式有关，排名全国前 10 位的城市依次是哈尔滨、绥化、齐齐哈尔、长春、四平、重庆、周口、驻马店、松原和通辽；排放量较低的城市主要集中在南方地区，广东的城市秸秆燃烧甲烷排放普遍较小，排名全国后 10 位的城市依次是佛山、乌鲁木齐、深圳、珠海、中山、厦门、北海、东莞、三亚和舟山，这些城市多是农业不作为主导产业的城市或农业作物以水稻为主的城市（图 10-9）。秸秆燃烧甲烷排放量与城市规模、人口聚集程度存在一定关系，规模大的城市秸秆燃烧甲烷排放量高。排放量全国排名前 10 位的城市中有 7 个特大城市、3 个大城市，没有中小城市；排放量全国排名后 10 位的城市中有 7 个中小城市、2 个大城市和 1 个特大城市。

图 10-9 中国城市秸秆燃烧甲烷排放

Figure 10-9 Chinese cities CH₄ emissions of burning of agricultural residues

注：字体大小代表数值大小。

Note: The font size represents the amount of emissions.

氧化亚氮

11

Nitrous Oxide

日本藤泽 smart town　董会娟

深圳湾科技生态园立体绿化与空中连廊　李芬

河南鹤壁市农田　蔡博峰

上海化学工业园　董会娟

11.1 氧化亚氮排放空间格局 Spatial Pattern of Nitrous Oxide Emissions

中国氧化亚氮排放的格局（图 11-1）呈现明显的"中高排放成片＋极高排放点聚"的特征，且排放主要集中在胡焕庸线东侧，排放量较大的片区主要分布在华北平原的河南和山东，珠江三角洲，湖南，湖北，西南地区的四川、重庆和广西以及东北地区的黑龙江、辽宁、吉林。零星分布的高排放城市主要集中于这些片区的某些特征城市，这些城市中有的是规模较大的特大型城市，有的是产业结构以第二产业尤其是重工业为主的城市，有的是工业生产排放的典型城市，数据显示氧化亚氮排放前 7 位的城市均主要由工业排放导致。

中国城市氧化亚氮排放总量分布在 0 ～ 6 万 t，其中，排放量在 1 000 ～ 4 000 t 的城市共有 176 个，排放量在 4 000 t 以下的城市占全国城市的 79.6%。氧化亚氮排放总量低于 500 t 的城市有 19 个，这些城市往往规模较小或第三产业占比较大。这些氧化亚氮排放量较高的区域同时也是人口密度较大的地区和中国主要的农作物产区，拥有更大的耕地面积，外来氮输入量较多；除此之外，东北地区、华北平原以及四川盆地也是主要的牲畜养殖地区。

氧化亚氮排放量最大的 10 个城市依次是重庆、唐山、菏泽、淄博、盐城、克拉玛依、德州、长春、哈尔滨、徐州，累计排放达到全国城市排放总量的 26%。排在第 1 位的重庆耕地面积大，土壤中含有大量的外源氮素和作物秸秆，同时为中国己二酸和硝酸的集中产地之一，导致其氧化亚氮排放总量较高；第 2 位至第 7 位的城市主要是工业型城市，其硝酸和己二酸生产的氧化亚氮排放较为突出。

从空间网格分布和数值来看，氧化亚氮空间排放强度介于 0 ～ 100 t/100 km^2。其中有一半多的空间网格氧化亚氮排放强度小于 10 t/100 km^2；中高排放片区面积约占 30%，其氧化亚氮排放强度介于 10 ～ 40 t/100 km^2；大于 60 t/100 km^2 的区域呈点聚状态，零星分布于华北平原、珠江三角洲、四川和重庆、广东和广西片区的部分典型城市。

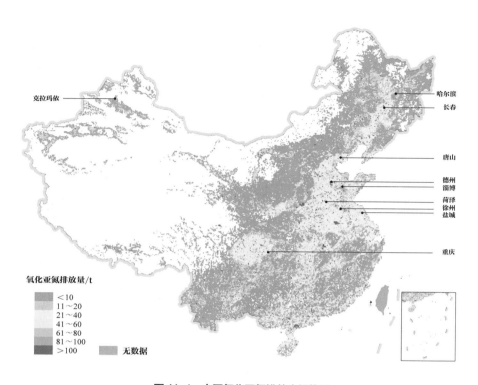

克拉玛依

哈尔滨
长春

唐山
德州
淄博
菏泽
徐州
盐城

重庆

氧化亚氮排放量/t

<10
11～20
21～40
41～60
61～80
81～100
>100

无数据

图 11-1　中国氧化亚氮排放空间格局

Figure 11-1　Spatial pattern of nitrous oxide emissions

注：白色区域代表无排放。

Note: The white part represents no emission.

11.2 氧化亚氮排放结构 Emissions by Sources

从排放源结构来看，2015 年中国城市氧化亚氮排放主要来自农业用地排放，工业生产和动物粪便管理排放基本相当，己二酸生产的排放高于硝酸生产的排放（图 11-2）。氧化亚氮排放构成的一个明显特征是工业生产氧化亚氮排放并不普遍，只分布于唐山、重庆、菏泽和淄博等 60 个城市，且工业生产单个城市氧化亚氮排放量比较大，如工业生产排放前 10 位的城市累计排放分别占工业生产氧化亚氮排放总量和全国氧化亚氮排放总量的 86% 和 20%，重庆工业生产过程排放量甚至是其农用地和粪便管理排放加和的 2.5 倍。动物粪便和农用地氧化亚氮排放则在各城市均有体现，且重庆和长春遥遥领先于其他城市，排放量分别达到 4 639 t 和 2 932 t。与工业生产排放相比，动物粪便和农用地排放空间分布相对分散，不过度集中于部分城市。动物粪便管理氧化亚氮排放量居前 10 位的城市累计排放仅占动物粪便管理氧化亚氮排放总量的 13%；农用地氧化亚氮排放量居前 10 位的城市累计排放也仅占农用地氧化亚氮排放总量的 12.4%。图 11-3 显示了中国城市氧化亚氮排放的结构特征。

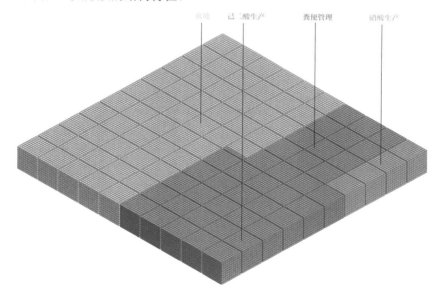

图 11-2 中国城市氧化亚氮排放结构平均水平

Figure 11-2 Average proportion of nitrous oxide emissions by sources of Chinese cities

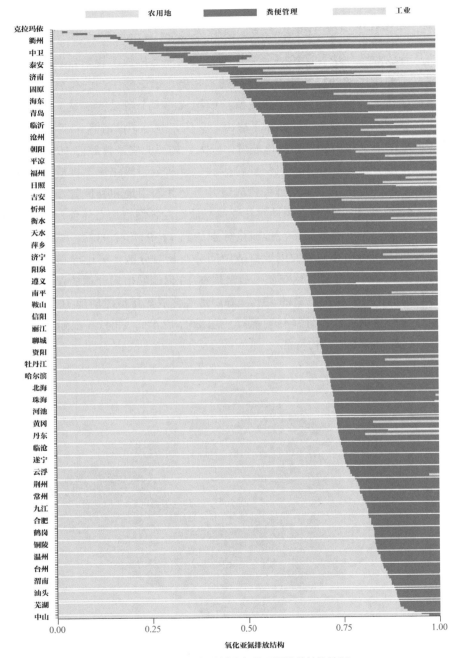

农用地　　　粪便管理　　　工业

氧化亚氮排放结构

图 11-3　中国部分城市氧化亚氮排放结构特征

Figure 11-3　Proportion of nitrous oxide emissions by source of Chinese cities

11.3 工业 Industry

工业生产过程氧化亚氮排放主要源于己二酸生产和硝酸生产。己二酸有多种制备工艺，中国目前主要采用环己烷法和环己醇法；硝酸生产技术类型有高压法、中压法、常压法、双加压法、综合法和低压法，其中双加压法因加压方式合理及高吸收率成为大力推广的生产方法。

2015 年，中国工业生产过程氧化亚氮排放总量为 21.5 万 t，合 5 707 万 t 二氧化碳当量，其排放主要集中于重庆、唐山、菏泽、淄博、克拉玛依、盐城（图 11-4），氧化亚氮排放量介于 1.3 万～5.2 万 t 之间，累积排放占工业生产过程氧化亚氮排放总量的 81.7%；其中，前 6 个城市同时也是全国氧化亚氮排放前 6 位的城市，说明工业生产过程排放对氧化亚氮排放的重要贡献。此外，工业生产氧化亚氮排放也是这 7 个城市氧化亚氮排放的主要来源，比重占其氧化亚氮排放总量的 71%～99%。从省域尺度来看，工业生产过程氧化亚氮排放主要分布在山东、河北和重庆，且主要贡献来自己二酸生产过程。从产量上看，己二酸与硝酸相比其产量并不是很大，但排放量却高出硝酸很多，主要原因是己二酸生产氧化亚氮排放系数远远高于硝酸，相差约 30 倍。

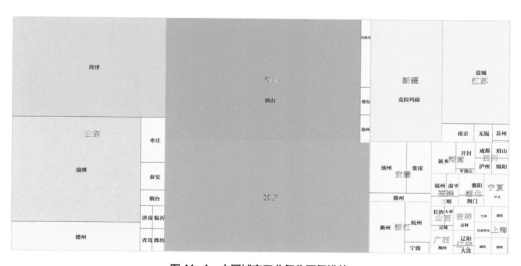

图 11-4　中国城市工业氧化亚氮排放

Figure 11-4　Chinese cities nitrous oxide emissions of industry

11.4　动物粪便管理 Manure Management

　　动物粪便管理氧化亚氮排放主要来源于畜禽粪便施入土壤之前在贮存和处理过程中所产生的氧化亚氮。2015 年中国畜禽粪便氧化亚氮排放总量为 21.2 万 t，排放超过 1 500 t 的城市有 31 个，主要集中在重庆、长春、南阳、驻马店、通辽、绥化和巴彦淖尔，累计占全国氧化亚氮排放总量的 10%（图 11-5）。其中，排放量最大的是重庆，占全国动物粪便管理氧化亚氮排放的 2.19%。从空间分布来看，动物粪便管理氧化亚氮排放较大的城市主要集中于河南、山东、四川、河北、湖南、内蒙古、辽宁及黑龙江 8 个省（区），累计占全国动物粪便管理氧化亚氮排放总量的 53.94%。昌都、拉萨、林芝和日喀则 4 个西藏城市的动物粪便管理排放比重最高，均超过 70%，与其发达的农牧业不无关系。从排放源类别看，氧化亚氮排放量较大的动物依次是牛、猪、家禽和羊，分别占动物粪便管理氧化亚氮排放量的 40.4%、32.4%、16.6% 和 10.6%。其中，牛不仅活动数据大，而且对应的氮排泄量也较大，因此其粪便管理氧化亚氮排放最大；猪的排放因子仅为牛的八分之一，但猪的活动数据高于牛很多，因此猪的粪便管理产生的氧化亚氮排放也较高。典型排放城市为重庆、驻马店、玉林、曲靖、绥化、长春和四平。

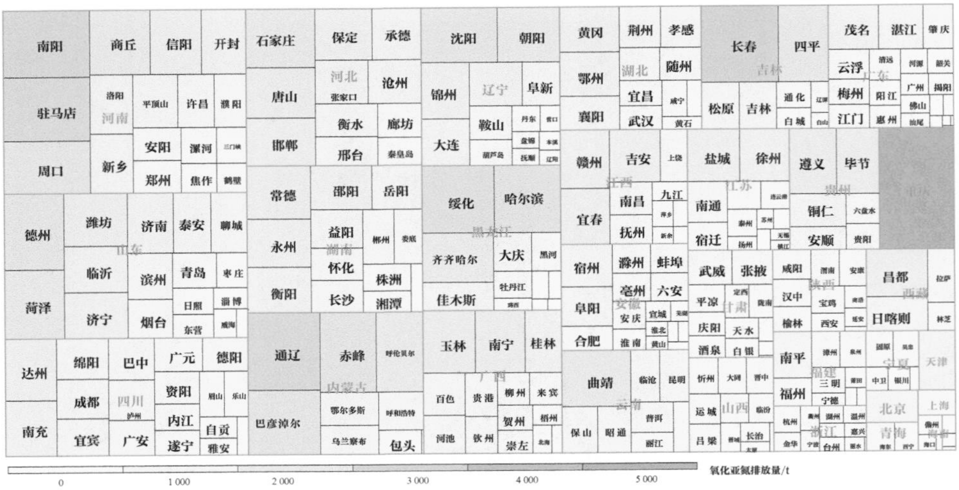

图 11-5　中国城市动物粪便氧化亚氮排放

Figure 11-5　Chinese cities nitrous oxide emissions of manure management

11.5 农用地 Agricultural Lands

　　农用地氧化亚氮排放包括由农用地当季氮肥、粪肥和秸秆还田输入引起的直接排放，以及大气氮沉降和氮淋溶径流损失引起的间接排放。化学肥料对氧化亚氮直接排放的贡献最大，有机粪肥氧化亚氮排放次之，只有少量农用地氧化亚氮直接排放来自秸秆还田。从城市农用地氧化亚氮排放总量的空间分布来看，其主要集中于华南的珠江三角洲地区、华北地区、四川盆地及东北部分平原城市，其中重庆农田氧化亚氮排放遥遥领先于其他城市，长春、徐州、南宁、湛江、盐城、哈尔滨、襄阳、茂名和绥化紧随其后，究其原因与其拥有较大的耕地面积和较高的动物饲养数量有直接关系；农用地氧化亚氮排放最少的城市主要分布在西北或东南沿海城市，如新疆的克拉玛依和乌鲁木齐、甘肃的嘉峪关和金昌、西藏的林芝和拉萨、内蒙古的乌海、广东的深圳和珠海等，究其原因是西北城市多以放牧为主，耕地面积较少，东南沿海城市则服务业发达，农业微乎其微（图 11-6）。中国是农田化肥和有机肥用量最大的国家，但利用效率一直不高，亟须采取有效措施来解决农田使用化肥量大且利用率低的问题，从而减少农用地氧化亚氮的排放。

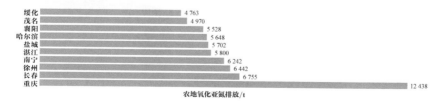

图 11-6　中国城市农用地氧化亚氮排放排名前 10 位及后 10 位

Figure 11-6　Top 10 and bottom 10 cities of nitrous oxide emissions of agricultural lands

12 含氟温室气体

Fluorinated Greenhouse Gases

空调生产 窦艳伟

北京空调回收 伍鹏程

加拿大蒙特利尔　张建军

江西赣州　蔡博峰

12.1 含氟温室气体概述 Overview of Fluorinated Greenhouse Gases

广义的含氟温室气体是指分子中含有氟原子的温室气体，而狭义的含氟温室气体仅指《京都议定书》附件 A 中包括的氢氟碳化物（HFCs）、全氟化碳（PFCs）和六氟化硫（SF_6）以及 2012 年《京都议定书》多哈修正案增加的三氟化氮（NF_3）。

值得一提的是，氯氟碳化物（CFCs）、氢氯氟碳化物（HCFCs）等物种也含有氟原子，而且也是全球增温潜势（GWP）值很高的强温室气体，但由于其消耗臭氧层，因此被纳入《蒙特利尔议定书》管控，没有列入《京都议定书》。因此一般而言，狭义的含氟温室气体不包括 CFCs 和 HCFCs 等。

在 4 种含氟温室气体中，SF_6 和 NF_3 是单一的化合物，而 HFCs 和 PFCs 则包括多个种类。含氟温室气体几乎全部来自人为源，主要的排放来源包括消耗臭氧层物质（ODS）替代物的生产和使用、氟化工行业（HCFC-22 生产副产品等）、电子行业（半导体制造、平板显示器制造、光伏制造）、电力工业（电力设备制造和运行）、金属冶炼（铝冶炼和镁冶炼）等。尽管含氟温室气体在大气中的浓度极低，仅为几 ppt（$\times 10^{-12}$，代表万亿分之一）至数百 ppt 量级，年排放量也只有数吨至数千吨，相比二氧化碳排放量百亿吨/年相差 7 个数量级，但由于其大气寿命长、GWP 高，因此以二氧化碳当量计算的排放量占温室气体排放总量的 1.2%。由于 ODS 的替代和电子工业的发展，中国含氟温室气体的排放量一直保持快速增长的趋势，大气中的含氟温室气体浓度也迅速增加，相对增长速率远大于二氧化碳、甲烷等主要温室气体，如 HFCs 大气浓度增长率达到每年百分之几至百分之十几。根据世界气象组织（WMO）和联合国环境规划署（UNEP）发布的《臭氧损耗评估报告 2010》，全球 HFCs 排放大幅度增加，以二氧化碳当量计算的 HFCs 排放量每年增加 8%。鉴于 HFCs 的重要性，国际社会先后出台了一系列与 HFCs 相关的管理控制措施。借鉴《蒙特利尔议定书》在控制 ODS 方面的成功经验，HFCs 通过基加利修正案列入《蒙特利尔议定书》减排物种，成为两大议定书共同控制的温室气体（图 12-1）。

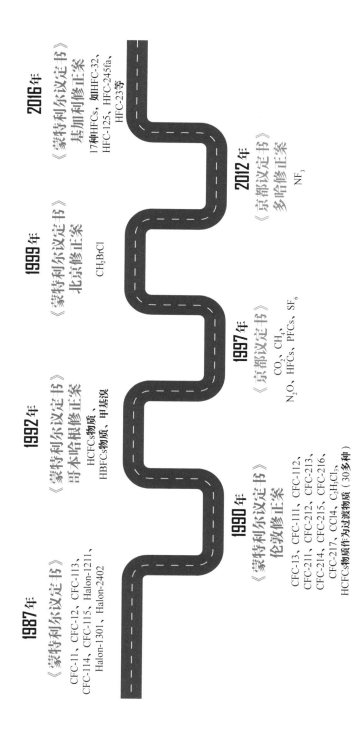

1987年
《蒙特利尔议定书》
CFC-11、CFC-12、CFC-113、
CFC-114、CFC-115、Halon-1211、
Halon-1301、Halon-2402

1990年
《蒙特利尔议定书》
伦敦修正案
CFC-13、CFC-111、CFC-112、
CFC-211、CFC-212、CFC-213、
CFC-214、CFC-215、CFC-216、
CFC-217、CCl4、C$_2$H$_3$Cl$_3$、
HCFCs物质作为过渡物质（30多种）

1992年
《蒙特利尔议定书》
哥本哈根修正案
HCFCs物质、
HBFCs物质、甲基溴

1997年
《京都议定书》
CO$_2$、CH$_4$、
N$_2$O、HFCs、PFCs、SF$_6$

1999年
《蒙特利尔议定书》
北京修正案
CH$_2$BrCl

2012年
《京都议定书》
多哈修正案
NF$_3$

2016年
《蒙特利尔议定书》
基加利修正案
17种HFCs，如HFC-32、
HFC-125、HFC-245fa、
HFC-23等

图12—1 《蒙特利尔议定书》《京都议定书》减排物种和纳入时间

Figure 12-1 Species and their time adopted by the Montreal Protocol or the Kyoto Protocol

《京都议定书》共涉及7种温室气体，包括二氧化碳（CO_2）、甲烷（CH_4）、氧化亚氮（N_2O）、氢氟碳化物（HFCs）、全氟化碳（PFCs）、六氟化硫（SF_6）、三氟化氮（NF_3）。这7种温室气体中的后4种——HFCs、PFCs、SF_6、NF_3分子中均含有氟原子，因此常被人们统一称作"含氟温室气体"。

《蒙特利尔议定书》及其修正案主要针对ODS，包括氯氟碳化物（CFCs）、哈龙（Halon）、氢氯氟碳化物（HCFCs）、四氯化碳（CCl_4）、甲基氯仿（CH_3CCl_3）、甲基氯、甲基溴等。这些ODS大气寿命很长，GWP值高达数百至上万，也都是温室气体，但由于ODS整体正在《蒙特利尔议定书》框架下管控，所以讨论气候变化议题时往往较少涉及。值得一提的是，HFCs比较特殊，首先，HFCs是唯一被两大议定书共同控制的温室气体；其次，尽管HFCs被列入《蒙特利尔议定书》，但是HFCs分子中不含破坏臭氧层的氯原子或溴原子，因此HFCs不属于ODS。

讨论气候变化和臭氧损耗时，还有一个概念经常被提及，就是卤代烃。它指烃分子中的氢原子被卤素（氟、氯、溴、碘）原子取代后的化合物，其概念和温室气体及ODS互有交叉。《京都议定书》涉及的7种温室气体中HFCs和PFCs属于卤代烃，而ODS全部都是卤代烃。另外，有些卤代烃的GWP值大于0，但是不包括在上述两个议定书中，如氯仿（$CHCl_3$）、二氯甲烷（CH_2Cl_2）等。还有部分卤代烃既不归入温室气体也不是ODS，比如短寿命的氯乙烯，常温下不是气态的聚氯乙烯、聚四氟乙烯、氯苯等。

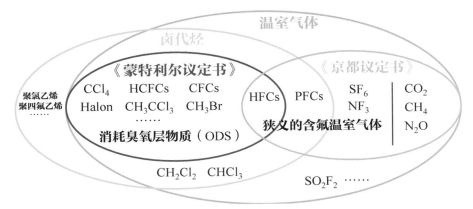

图12-2 《蒙特利尔议定书》和《京都议定书》覆盖温室气体

Figure 12-2 Species under the Montreal protocol and Kyoto protocol

当然，温室气体的种类远不止《京都议定书》和《蒙特利尔议定书》涉及的这些物种（图 12-2）。类似硫酰氟（SO_2F_2）这样的气体，既未列入两大议定书，也不是卤代烃，但也是温室气体。

12.2 含氟温室气体排放空间格局
Spatial Pattern of Fluorinated Greenhouse Gases Emissions

含氟温室气体排放量最大的 10 个城市依次为淄博、金华、泰州、赣州、聊城、郑州、焦作、上海、西宁、北京，其中前 4 位是中国主要的氟化工企业所在城市，第 5 位至第 7 位和第 9 位则是主要的电解铝企业所在城市，排名前 10 位的城市中只有上海和北京是传统意义上的"大城市"。排在后 10 位的城市则分别为昌都、林芝、日喀则、固原、陇南、伊春、张家界、丽江、临沧、金昌，这些城市的共同特点：没有氟化工、电解铝工业，汽车和变频空调保有量少，用电量小。排放量最大和最小的 10 个城市名单也从侧面体现了含氟温室气体排放来源的特点：点源和面源结合，点源排放集中在氟化工和电解铝工业，单位面积排放强度巨大；面源排放强度则与人口分布、人均 GDP 分布高度相关。不同城市含氟温室气体排放量差异悬殊。含氟温室气体排放量最高的淄博是最低的昌都的 4 475 倍多，虽然昌都面积高达淄博的 18 倍多。前 10 位城市含氟温室气体排放量比后 10 位城市大了近 350 倍。即便是前 10 位城市内部也有明显的差异，前 2 位（淄博和金华）的排放量平均值是第 3 位至第 10 位城市的 8 倍多。

大部分空间网格含氟温室气体排放量低于 1 000 t 二氧化碳当量。由于含氟气体几乎全部来自人为排放，房间空调排放的 HFC-410A、汽车空调排放的 HFC-134a、电力行业排放的 SF_6 高值区基本重叠，都集中在人口密度大、GDP 值高的区域，特别是城市群。从图 12-3 可以看出，人口密集大的华北平原、四川盆地、汾河谷地、关中平原、江汉平原等地区单位面积含氟温室气体排放达到 1 000 ~ 2 000 t 二氧化碳当量 /km^2，而长江三角洲、珠江三角洲等城市群以及大多数省会城市城区等单位面积含氟温室气体排放量超过 1 万 t 二氧化碳当量 /km^2，北京和上海等直辖市核心区单位面积超过 5 万 t 二氧化碳当量 /km^2。较为特殊的是，来自氟化工企业副产物的 HFC-23 和来自电解铝行业的 PFCs 呈现点源排放特征，因此 HFC-23 和 PFCs 所在网格点的含氟温室气体排放强度与直辖市中心相比也毫不逊色，如赣州的一个企业排放的 HFC-23 导致赣州含氟温室气体排放位列全国第四。一个网格点的排放强度超过 400 万 t 二氧化碳当量，高出普通城市网格点 2 个数量级。类似的网格点还分布在淄博、金华、泰州、聊城、郑州、衢州、自贡、台州、焦作、兰州、海东、运城等氟化工和电解铝企业所在地，这些网格点是全国含氟温室气体排放强度最大的区域。

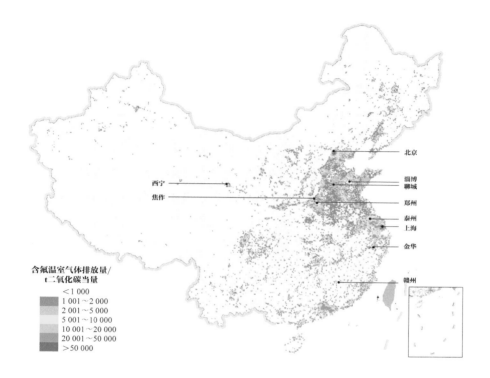

图12-3 含氟温室气体排放空间格局

Figure 12-3 Spatial Pattern of Chinese cities fluorinated greenhouse gases emissions

12.3 含氟温室气体排放结构 Emissions by Sources

本书中涉及的含氟温室气体排放主要包括氟化工行业 HFC-23 排放、房间空调 HFC-410A 排放、汽车空调 HFC-134a 排放、电力行业 SF$_6$ 排放、电解铝行业 PFCs 排放。当然也有其他 HFCs 的排放源，如部分 HFC-23 用于制冷剂、HFC-410A 用于工商制冷、HFC-32 或与其他 HFCs 作为混合制冷剂用作房间空调等，但其排放量相对较少。以实物排放量计算，城市含氟温室气体中 HFC-134a 排放量最大，HFC-410A 次之，然后依次是 HFC-23、CF$_4$、SF$_6$ 及 C$_2$F$_6$。尽管 PFCs 和 SF$_6$ 的 GWP 值较大，但是以二氧化碳当量计算的排放中，中国城市 HFCs 排放量仍占含氟温室气体排放总量的一半以上。3 种 HFCs 中，以二氧化碳当量计算，HFC-23 排放量最大，占含氟温室气体总量的 42.1%，HFC-134a 次之，占 16.2%，HFC-410A 排放量占 10.0%；CF$_4$ 和 C$_2$F$_6$ 分别占 17.9% 和 0.9%，SF$_6$ 占 12.9%（图 12-4）。大部分城市以 SF$_6$、HFC-410A 和 HFC-134a 为主。仅有 8 个城市排放 HFC-23，但其中 4 个城市（淄博、金华、泰州、赣州）HFC-23 排放量占该市含氟温室气体排放总量超过 90%，占该市所有温室气体排放总量的比重也超过 10%。其中，淄博仅 HFC-23 一种气体排放就超过其温室气体排放总量的 25%。PFCs 排放仅分布在 65 个城市，在这 65 个城市中，有 35 个城市的 PFCs 排放量超过该市含氟温室气体排放量的一半，其中 7 个城市（嘉峪关、西宁、焦作、海东、聊城、中卫、吴忠）超过 90%。图 12-5 显示了中国城市含氟温室气体排放的结构特征。

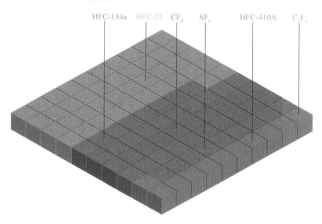

图 12-4 中国城市含氟温室气体排放平均结构

Figure 12-4 Average proportion of fluorinated greenhouse gases emissions by gases of Chinese cities

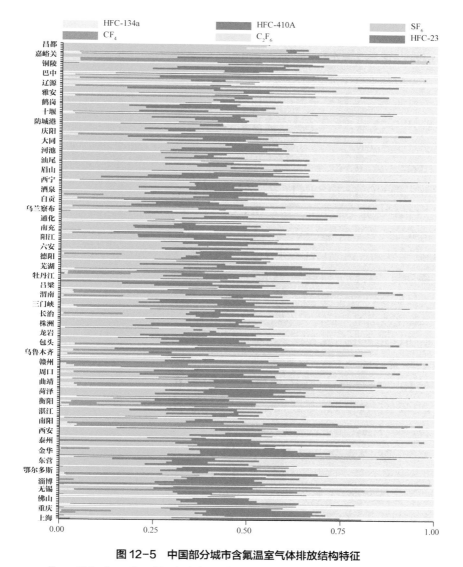

图 12-5　中国部分城市含氟温室气体排放结构特征

Figure 12-5　Proportion of fluorinated greenhouse gases emissions by gases of Chinese cities

12.4 氟化工 HFC-23 排放 HFC-23 Emissions

氢氟碳化物（HFCs）是指分子中仅含有氢原子、氟原子和碳原子的卤代烃。一般用 HFC-xyz 表示，其中 x 为 HFCs 分子中的碳原子数减 1，y 为氢原子数加 1，z 为氟原子数。因此，HFC-23 的 x、y、z 值分别为 0、2、3，意味着 HFC-23 分子中含有 1 个碳原子、1 个氢原子、1 个氟原子，故 HFC-23 的分子式为 CHF_3。

HFC-23 是 HCFC-22 生产中的副产品。HCFC-22 是全球生产量和使用量最大的 ODS。中国 HCFC-22 产量世界第一，其生产过程中的副产品 HFC-23 的排放量也居世界首位。HFC-23 的 GWP 值高达 12 400，是中国最早开始减排的温室气体。利用《京都议定书》下的清洁发展机制（CDM），自 2006 年以来中国成功注册了 11 个 HFCs 项目，减排量合计 6 565 万 t 二氧化碳当量，其核证减排量（CER）总额已经占到全球 CDM 项目总额的 20%。在 CDM 项目的影响下，中国 HFC-23 排放在 2006 年达到峰值（1.55 亿 t 二氧化碳当量）后，到 2008 年减少至 1.08 亿 t 二氧化碳当量。由于担忧现有方法学可能引发碳减排指标的过度签发，2010 年 CDM 执行理事会修改了政策以控制 HFC-23 削减 CDM 项目的注册数量。2011 年，欧盟禁止任何 HFC-23 削减项目参与欧盟碳排放交易体系。上述政策限制使中国 HFC-23 项目陆续中止，导致 HFC-23 排放量从 2010 年开始增加。

2014 年 5 月，国务院办公厅印发《2014—2015 年节能减排低碳发展行动方案》，第一次提出 HFCs 量化减排指标，要求"十二五"期间累计减排 2.8 亿 t 二氧化碳当量。这也是中国首个国家层面非二氧化碳温室气体减排量化指标。为了落实这一目标，2014 年 11 月，国家发展和改革委员会下发《关于下达氢氟碳化物削减重大示范项目 2014 年中央预算内投资计划的通知》；2015 年 5 月，下发《关于组织开展氢氟碳化物处置相关工作的通知》，要求有关企业于 2015 年年底上报 HFC-23 处置情况报告，并对运行经费的补贴实行退坡办法。每吨二氧化碳当量减排量从 2014 年补贴 4 元逐渐降低至 2019 年补贴 1 元。

HFC-23 主要来自 HCFC-22 生产的副产品，因此 HFC-23 呈点源分布。HFC-23 排放量高度集中在中国氟化工几大企业所在城市。2015 年中国 HFC-23 排放量集中在 8 个城市，分别是淄博、金华、泰州、赣州、衢州、苏州、自贡、台州，其中淄博和金华就占了 85% 以上（图 12-6）。根据中国 HCFC-22 产量和有关企业上报的 HFC-23 处置情况报告，2015 年有超过一半以上的 HFC-23 焚烧销毁而未排放到大气中。

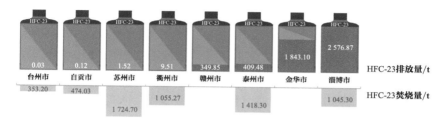

图 12-6 中国 HFC-23 排放城市
Figure 12-6 Chinese cities HFC-23 emissions

随着《蒙特利尔议定书》的实施，中国已经完成了过渡替代物（主要是 HCFCs）对第一代 ODS（包括 CFCs、CCl$_4$、Halon、CH$_3$CCl$_3$ 等）的替代阶段，目前已经进入最终替代物替代过渡替代物的阶段。因此，从长远看，即便没有 CDM 项目和补贴政策，作为 HCFC-22 副产品的 HFC-23 也将随着 HCFC-22 的淘汰而逐步退出历史。随着 HFCs 纳入《蒙特利尔议定书》，图 12-7 中最终替代物的淘汰也进入议事日程，今后还会有哪些新的物质产生，它们对环境、气候会产生什么影响，将是公众、科学界和工业界共同关心的内容。

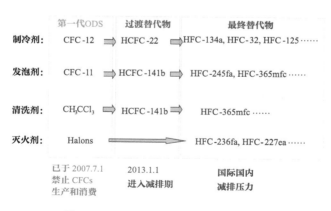

图 12-7 不同用途 HFCs 对 ODS 的替代
Figure 12-7 Replacement of ODS by HFCS in different usage

12.5 房间空调 HFC-410A 排放
Room Air Conditioning HFC-410A Emissions

　　中国房间空调行业起步于 20 世纪 60 年代初，经过 40 多年的发展，中国已成为世界房间空调生产大国，制造规模占全球 75%，稳居世界第一。根据中国家用电器协会的统计数据，中国房间空调器产量从 1997 年不到 1 000 万台增长到 2015 年超过 1 亿台，其中变频空调超过 5 000 万台。房间空调最初使用 ODP 值较低的 HCFC-22 作为制冷剂，但 HCFCs 仍旧具有破坏臭氧的能力，因此仅用作过渡替代物，最终被新一代的制冷剂替代。新的制冷剂 HFC-410A 主要用于变频空调，是 50% HFC-32 和 50% HFC-125 的混合物。HFC-410A 的 ODP 值为 0，且具有低毒、不燃和化学稳定等优点，但 GWP 值高达 2 060。随着变频空调的普及，在过去的 15 年里 HFC-410A 使用量迅速增加（图 12-8）。由于 HFCs 被列入《蒙特利尔议定书》基加利修正案，当前排放量迅猛增加的 HFC-410A 的减排替代也提上了议事日程，房间空调可能采用的替代物包括丙烷（R-290）和 HFC-32（R-32）。

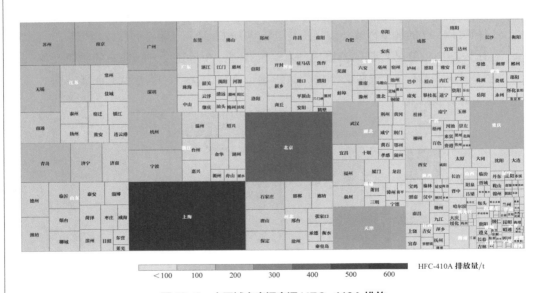

图 12-8　中国城市房间空调 HFC-410A 排放

Figure 12-8　Chinese cities room air conditioning HFC-410A emissions

　　房间空调行业的 HFC-410A 排放主要产生在以下几个环节：①灌装过程；②初始安装过程；③运行过程；④维修过程；⑤报废过程。研究显示，报废过程是 HFC-410A 排放量最大的环节，占 HFC-410A 总排放量的 90% 以上。由于报废过程排放主要在空调卸装处，因此 HFC-410A 的排放呈现面源特征。2015 年中国城市人均房间空调 HFC-410A 排放量为 0.012 t 二氧化碳当量，排放量最大的城市为上海、北京、天津、重庆、广州、苏州、南京、深圳、杭州、青岛（图 12-9）。这 10 个城市全部位列 2015 年中国 GDP 前 12 位，表明房间空调 HFC-410A 排放与 GDP 的强相关性。

林芝	0
儋州	0
日喀则	0.01
昌都	11.82
营口	26.28
襄阳	29.4
丽江	393.8
拉萨	569.18
嘉峪关	692.14
辽源	717.03

其他

青岛	134 504.63
杭州	139 846.94
深圳	140 643.62
南京	157 124.16
苏州	163 584.52
广州	169 536.51
重庆	177 693.31
天津	214 754.88
北京	418 995.6
上海	556 891.43

HFC-410A 排放量/kg

图 12-9　中国城市 HFC-410A 排放排名前 10 位及后 10 位

Figure 12-9　Top 10 and bottom 10 cities of HFC-410A emissions

12.6 汽车空调 HFC–134a 排放
Automobile Air Conditioning HFC-134a Emissions

中国的汽车工业始于 20 世纪 50 年代初，经过 60 多年的发展，中国已经成为世界汽车生产大国之一。2015 年汽车总产量达到 2 450 万辆。1994年以前，除了极少部分使用国外技术生产的汽车中使用 HFC-134a 制冷剂以外，汽车空调制冷剂主要采用 CFC-12。在《蒙特利尔议定书》多边基金支持下，中国于 1994 年开始淘汰 CFC-12 在汽车空调领域的应用，并于 2002年 1 月 1 日停止 CFC-12 在新装配汽车中的使用。HFC-134a 在汽车空调制冷剂替代品中占绝对主导地位，几乎全部新生产轿车和货车均采用 HFC-134a 为空调制冷剂，大中型客车则部分采用混合工质，部分采用 HFC-134a。随着 HFC-134a 的需求快速增加，1995—2000 年，中国 HFC-134a 排放量年均增加超过 100%；2001—2010 年，年均增长约 34%。2010 年，中国 HFC-134a 排放量约占全球 HFC-134a 排放量的 10%，占发展中国家排放量的 29%。由于成本高和技术匮乏等原因，中国的 HFC-134a 淘汰替代行动还未达到商业化程度，但是一些企业已经在积极开发 HFC-134a 的低 GWP值替代品。HFO-1234yf 是一种 ODP 值为 0、GWP 值小于 1 的替代物，其缺点在于研究和开发成本高。也有中国企业尝试采用二氧化碳作为 HFC-134a 的替代物，并研发了汽车空调样机，但是采用此技术的空调尚未市场化。

作为制冷剂，HFC-134a 的排放主要发生在以下几个环节：①生产和汽车空调安装过程；②维修和运行过程；③报废过程。研究显示，维修和运行过程是 HFC-134a 排放最大的环节，考虑到汽车的维修点较为分散，因此HFC-134a 的排放呈面源分布。2015 年中国城市 HFC-134a 排放量按实物吨计算是含氟温室气体中排放量最大的，人均排放 0.019 t 二氧化碳当量。排放量最大的 10 个城市为上海、北京、苏州、天津、广州、重庆、东莞、青岛、杭州、烟台，全部位列 2015 年中国汽车保有量城市前 20 位，其中 7 个城市位列前 10 位（图 12-10、图 12-11）。

昌都 2
林芝 3
日喀则 5
固原 7
定西 9
嘉峪关 9
丽江 9
中卫 10
海东 10
陇南 10

其他

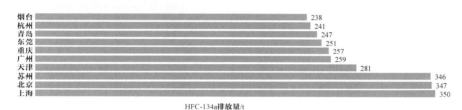

烟台 238
杭州 241
青岛 247
东莞 251
重庆 257
广州 259
天津 281
苏州 346
北京 347
上海 350

HFC-134a排放量/t

图 12-10　中国城市 HFC-134a 排放排名前 10 位及后 10 位

Figure 12-10　Top 10 and bottom 10 cities of HFC-134a emissions

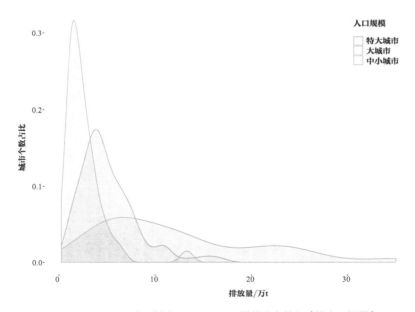

人口规模
特大城市
大城市
中小城市

城市个数占比

0.3
0.2
0.1
0.0

排放量/万t

图 12-11　中国城市 HFC-134a 排放分布特征（按人口规模）

Figure 12-11　Distribution characteristics of Chinese cities HFC-134a emissions (By population)

12.7 电力行业 SF$_6$ 排放 Power Sector SF$_6$ Emissions

SF$_6$ 具有良好的电气绝缘性能及优异的灭弧性能，自 1930 年后开始在电器工业被推广使用，广泛用作高压绝缘介质材料。SF$_6$ 还因其化学惰性、无毒、不易燃、无腐蚀性的特点，广泛应用在镁冶炼、大气示踪和电子制造业等。SF$_6$ 是 GWP 值最高的常见温室气体，达到 23 500。

高压断路器几乎全部使用 SF$_6$ 替代绝缘油和空气介质。在电力行业，SF$_6$ 在电力传输和配电设备中用于绝缘和灭弧；在电子行业，SF$_6$ 用于半导体和平板显示器的制造，随着电子行业的发展，该行业 SF$_6$ 排放量迅速增加；在镁冶炼行业，SF$_6$ 用作高温下防止镁氧化的保护气。从 1990 年开始，中国 SF$_6$ 排放呈加速增长趋势，占全球 SF$_6$ 排放量的比例也从 1990 年不到 1% 增长到 2008 年的超过 20%，中国已成为对全球 SF$_6$ 排放量增长贡献最大的国家之一。2015 年中国城市电力行业 SF$_6$ 人均排放量 0.015 t 二氧化碳当量，其中排放量最大的 10 个城市为上海、苏州、北京、天津、广州、成都、宁波、重庆、杭州、沈阳（图 12-12）。其中，有 9 个城市位列全社会用电总量前 20 位，有 8 个城市位列 GDP 前 10 位，表明电力行业 SF$_6$ 排放与用电量和 GDP 的相关性。

图 12-12　中国城市 SF$_6$ 排放
Figure 12-12　Chinese cities SF$_6$ emissions

注：字体大小代表数值大小。
Note: The font size represents the amount of emissions.

12.8 电解铝 PFCs 排放 Aluminum PFCs Emissions

全氟化碳（PFCs）指的是分子中仅含有氟原子和碳原子的卤代烃。常见的 PFCs 主要有 PFC-14（CF_4）、PFC-116（C_2F_6）、PFC-218（C_3F_8）、PFC-318（c-C_4F_8）等。CF_4 的人为排放是自然排放的约 100 倍，除 CF_4 外，其他 PFCs 均由人为活动产生。自 20 世纪 80 年代起，PFCs 主要来自半导体和电子产品制造业过程中的清洁、等离子体蚀刻以及铝冶炼工业等。全球 CF_4 的排放量从 20 世纪 70 年代的 1.66 万 t/a 降到 2005—2008 年的 1.05 万 t/a，PFC-116 的排放量从 20 世纪 70 年代的 0.15 万 t/a 缓慢上升，21 世纪初达到高值约 0.3 万 t/a 后略有下降，截至 2008 年约 0.2 万 t/a。中国 PFCs 排放主要来自铝冶炼。

随着中国电解铝行业的快速发展，PFCs 在中国非二氧化碳温室气体排放总量中贡献迅速增加。2015 年，中国城市 PFCs 排放量占非二氧化碳温室气体排放总量的 21.4%，中国城市电解铝行业 CF_4 人均排放量 0.021 万 t 二氧化碳当量，PFC-116 人均排放量约为 CF_4 的 5%。电解铝行业 PFCs 排放集中，呈点源分布特征。PFCs 排放量前 10 位的城市分别是聊城、焦作、郑州、西宁、嘉峪关、洛阳、通辽、昆明、烟台、运城，其 PFCs 排放量占中国全部城市 PFCs 排放量的 64.2%；而前 20 位城市的 PFCs 排放量更是占中国全部城市 PFCs 排放量的 82.1%（图 12-13）。

图 12-13　中国城市电解铝行业 PFC 排放
Figure 12-13　Chinese cities aluminum industry PFCs emissions

后记篇

Postscript

结论及建议
Conclusions and Suggestions

丹麦哥本哈根美人鱼雕塑　张建军

瑞典斯德哥尔摩城市风貌　张建军

日本筑波居民太阳能屋顶　董会娟

北京城市废品回收　张建军

中国地级市温室气体排放水平、发展轨迹和减排路径对中国低碳转型和减排目标的实现有着决定性影响。2015 年是中国"十二五"规划实施的收官之年，在"十二五"时期的 5 年间，中国的产业结构、能源结构和环境质量都取得了显著成效。毫无疑问，城市是这些巨大成效得以取得的执行者和受益者，其温室气体排放也受到了这些成效的深刻影响。基于我们对中国城市温室气体排放的图文刻画和认知，我们提出如下建议。

建议 1：

加强地级市排放水平的对比分析，推动城市之间减排的横向比较，因地制宜地建立"城市碳减排领跑者制度"；推动中国城市和国际城市对标，在全球视野和坐标下实现中国城市的低碳发展。

国内外针对中国单一城市或者典型城市的温室气体 / 二氧化碳排放研究相对较多，全覆盖、全口径的城市排放研究相对较少。城市温室气体二氧化碳减排和低碳发展是个动态、相对的过程，往往受到周边城市、同类型城市及国家和国际大环境的显著影响。分析单一城市，通常无法体现大格局、发展趋势和潮流，也反映不出不同城市低碳产业发展之间的动态博弈过程，从而使城市很难清晰、准确地确定自身的定位，出现目标脱离现实且缺乏发展标杆的情况。低碳发展是全球应对气候变化的目标和任务，因而积极与国际城市排放对标是必然趋势。

建议利用中国城市温室气体工作组建立的城市排放基础数据，开展中国城市和不同类型城市（按产业结构、人口规模等特征的城市分类）的温室气体 / 二氧化碳排放横向比较和评估，建立"城市碳减排领跑者制度"。通过数据深度分析和公开，促进城市在制定低碳发展目标和实施低碳战略的过程中相互比拼和相互追赶。同时，通过评估、排序和信息公开，调动地方政府和公众对城市温室气体 / 二氧化碳排放的关注，推动公众和舆论对城市温室气体 / 二氧化碳排放管理的参与和监督，从而促进城市的低碳发展。

同时，积极开展中国城市和国际城市排放比较和对标，明晰中国城市排放水平在国际城市坐标下的排位，在全球格局下实现中国城市低碳发展。

- -

建议 2:

中国城市之间差异大，城市内部的社会、经济等要素相对均衡，因而城市减排目标需要从城市自身特点出发制定；国家整体减排目标建议以城市为基本单元自下而上制定，并以城市为最终执行和落实单元。

- -

碳减排涉及公平、公正、合理、效率等诸多方面的问题，尤其是中国正处于经济快速发展时期，区域发展不平衡。中国在 2015 年 6 月向联合国气候变化框架公约秘书处提交了国家自主贡献（INDC）文件，提出了二氧化碳排放将在 2030 年左右达到峰值并争取尽早达峰，2030 年单位 GDP 的二氧化碳排放比 2005 年下降 60% ~ 65%。中国二氧化碳排放控制目标会分解到省，最终会落实在地级市层面。地级市将会成为二氧化碳排放控制的重要实现单元。然而城市之间的排放总量和排放强度存在巨大差异，根据二氧化碳空间排放数据结果分析，中国整体二氧化碳排放空间格局的特点是沿着中国人口胡焕庸线分为东部和西部，东部地区明显高于西部地区，而且人均二氧化碳排放和人均 GDP 水平也存在较大差异，因而，简单地自上而下（国家目标→省目标→城市目标）分配减排责任，很有可能造成区域、城市之间的不公平，也无法实现减排的最高效率（即减排潜力大、减排成本低的区域或者城市多减排）。

建议从城市层面进行深入分析和比较，综合城市排放清单和社会经济发展水平，逐一评估每一个城市的减排潜力，并且进行横向（城市之间）比较分析，从而确定城市减排目标，进而得到省减排目标，并与国家目标进行比较，再将比较差异反馈到城市层面，经过多次优化分析，最终实现自下而上（城市目标→省目标→国家目标）分解国家目标，最大限度地确保城市减排责任的合理和公正。

建议 3:

全口径分析和研究城市排放发展路径和减排路径，吸取有价值和可借鉴的内容，供中国当前城市低碳发展参考和借鉴；把中国城市低碳发展的故事和经验推向国际，发挥中国引领和推动全球应对气候变化的核心作用。

城市的低碳发展有着其内在的逻辑和规律，不同经济和产业发展阶段的城市发展历程往往可以相互借鉴，发达城市的低碳路径可能就是相对落后城市低碳发展的未来。因而，从众多城市中挖掘相对稳定的机理性内容供不同类型城市参考和借鉴，是城市低碳战略规划一个非常重要的途径。由于人的生命尺度要小于城市的生命尺度，甚至小于城市低碳发展的时间尺度，因此没有任何一个战略制定者的时间尺度可以贯穿任何一个城市发展的始终。在这种情况下，基于统计意义上的大样本调查是解决问题的重要途径。

中国城市类型多样、全面，同时经济发展速度和环境治理力度从 2005 年至今都是空前的，这就为中国城市乃至全球城市的低碳发展提供了一个千载难逢的浓缩化路径。夯实中国城市的数据基础、深入挖掘中国城市减排的路径和经验教训，将为中国乃至全球城市的低碳发展提供宝贵的经验。

中国城市低碳发展的故事、经验、教训和历程，不仅可以供中国城市自身借鉴和学习，更应该成为全球城市低碳发展的宝贵财富。需要充分总结和提炼中国城市低碳发展中的经验、规律和模式，并将其推向世界，发挥中国引领和推动全球应对气候变化的核心作用。